建设工程质量检测人员岗位培训教材

检测基础知识

江苏省建设工程质量监督总站 编

中国建筑工业出版社

图书在版编目（CIP）数据

检测基础知识/江苏省建设工程质量监督总站编. —北京：中国建筑工业出版社，2009
（建设工程质量检测人员岗位培训教材）
ISBN 978-7-112-11042-1

Ⅰ.检… Ⅱ.江… Ⅲ.建筑工程—质量检测—技术培训—教学 Ⅳ.TU712

中国版本图书馆 CIP 数据核字（2009）第096048号

　　本书是《建设工程质量检测人员岗位培训教材》之一，内容包括：概论、工程质量检测基础知识、建设工程检测新技术简介、工程质量检测相关法律法规等。
　　本书既是建设工程质量检测人员的培训教材，也是建设、监理单位的工程质量检测见证人员、施工单位的技术人员和现场取样人员学习用书。

责任编辑：郦锁林
责任设计：郑秋菊
责任校对：兰曼利　关　健

建设工程质量检测人员岗位培训教材
检测基础知识
江苏省建设工程质量监督总站　编

*

中国建筑工业出版社出版、发行（北京西郊百万庄）
各地新华书店、建筑书店经销
南京碧峰印务有限公司制版
北京同文印刷有限责任公司印刷

*

开本：850×1168毫米　1/16　印张：9¾　字数：282千字
2010年4月第一版　2010年11月第二次印刷
印数：3001—6000册　定价：26.00元
ISBN 978-7-112-11042-1
（18286）

版权所有　翻印必究
如有印装质量问题，可寄本社退换
（邮政编码100037）

《建设工程质量检测人员岗位培训教材》编写单位

主编单位： 江苏省建设工程质量监督总站

参编单位： 江苏省建筑工程质量检测中心有限公司
东南大学
南京市建筑安装工程质量检测中心
南京工业大学
江苏方建工程质量鉴定检测有限公司
昆山市建设工程质量检测中心
扬州市建伟建设工程检测中心有限公司
南通市建筑工程质量检测中心
常州市建筑科学研究院有限公司
南京市政公用工程质量检测中心站
镇江市建科工程质量检测中心
吴江市交通局
解放军理工大学
无锡市市政工程质量检测中心
南京科杰建设工程质量检测有限公司
徐州市建设工程检测中心
苏州市中信节能与环境检测研究发展中心有限公司
江苏祥瑞工程检测有限公司
苏州市建设工程质量检测中心有限公司
连云港市建设工程质量检测中心有限公司
江苏科永和检测中心
南京华建工业设备安装检测调试有限公司

《建设工程质量检测人员岗位培训教材》编写委员会

主　　任：张大春
副主任：蔡　杰　　金孝权　　顾　颖
委　　员：周明华　　庄明耿　　唐国才　　牟晓芳　　陆伟东
　　　　　谭跃虎　　王　源　　韩晓健　　吴小翔　　唐祖萍
　　　　　季玲龙　　杨晓虹　　方　平　　韩　勤　　周冬林
　　　　　丁素兰　　褚　炎　　梅　菁　　蒋其刚　　胡建安
　　　　　陈　波　　朱晓旻　　徐莅春　　黄跃平　　邰扣霞
　　　　　邱草熙　　张亚挺　　沈东明　　黄锡明　　陆震宇
　　　　　石平府　　陆建民　　张永乐　　唐德高　　季　鹏
　　　　　许　斌　　陈新杰　　孙正华　　汤东婴　　王　瑞
　　　　　胥　明　　秦鸿根　　杨会峰　　金　元　　史春乐
　　　　　王小军　　王鹏飞　　张　蓓　　詹　谦　　钱培舒
　　　　　王　伦　　李　伟　　徐向荣　　张　慧　　李天艳
　　　　　姜美琴　　陈福霞　　钱奕技　　陈新虎　　杨新成
　　　　　许　鸣　　周剑峰　　程　尧　　赵雪磊　　吴　尧
　　　　　李书恒　　吴成启　　杜立春　　朱　坚　　董国强
　　　　　刘咏梅　　唐笋翀　　龚延风　　李正美　　卜青青
　　　　　李勇智

《建设工程质量检测人员岗位培训教材》审定委员会

主　　任：刘伟庆
委　　员：缪雪荣　　毕　佳　　伊　立　　赵永利　　姜永基
　　　　　殷成波　　田　新　　陈　春　　缪汉良　　刘亚文
　　　　　徐　宏　　张培新　　樊　军　　罗　韧　　董　军
　　　　　陈新民　　郑廷银　　韩爱民

前　　言

随着我国建设工程领域内各项法律、法规的不断完善与工程质量意识的普遍提高，作为其中一个不可或缺的组成部分，建设工程质量检测受到了全社会日益广泛的关注。建设工程质量检测的首要任务，是为工程材料及工程实体提供科学、准确、公正的检测报告，检测报告的重要性体现在它是工程竣工验收的重要依据，也是工程质量可追溯性的重要依据，宏观上讲，检测报告的科学性、公正性、准确性关乎国计民生，容不得丝毫轻忽。

《建设工程质量检测管理办法》（建设部第141号令）、《江苏省建设工程质量检测管理实施细则》、江苏省地方标准《建设工程质量检测规程》（DGJ 32/J21-2009）等的相继颁布实施，为规范建设工程质量检测行为提供了法律依据；对工程质量检测人员的技术素质提出了明确要求。在此基础上，江苏省建设工程质量监督总站组织编写了本套教材。

本套教材较全面系统地阐述了建设工程所使用的各种原材料、半成品、构配件及工程实体的检测要求、注意事项等。教材的编写以上述规范性文件为基本框架，依据相应的检测标准、规范、规程及相关的施工质量验收规范等，结合检测行业的特点，力求使读者通过本教材的学习，提高对工程质量检测特殊性的认识，掌握工程质量检测的基本理论、基本知识和基本方法。

本套教材以实用为原则，它既是工程质量检测人员的培训教材，也是建设、监理单位的工程质量见证人员、施工单位的技术人员和现场取样人员的工具书。本套教材共分九册，分别是《检测基础知识》、《建筑材料检测》、《建筑地基与基础检测》、《建筑主体结构工程检测》、《市政基础设施检测》、《建筑节能与环境检测》、《建筑安装工程与建筑智能检测》、《建设工程质量检测人员岗位培训考核大纲》、《建设工程质量检测人员岗位培训教材习题集》。

本套教材在编写过程中广泛征求了检测机构、科研院所和高等院校等方面有关专家的意见，经多次研讨和反复修改，最后审查定稿。

所有标准、规范、规程及相关法律、法规都有被修订的可能，使用本套教材时应关注所引用标准、规范、规程等的发布、变更，应使用现行有效版本。

本套教材的编写尽管参阅、学习了许多文献和有关资料，但错漏之处在所难免，敬请谅解。为不断完善本套教材，请读者随时将意见和建议反馈至江苏省建设工程质量监督总站（南京市鼓楼区草场门大街88号，邮编210036），以供今后修订时参考。

目　　录

第一章　概论 ... 1
第一节　建设工程质量检测的目的和意义 ... 1
第二节　建设工程质量检测的历史、现状及发展 ... 3
第三节　建设工程质量检测的机构及人员 ... 7
第四节　学习方法与要求 ... 11

第二章　工程质量检测基础知识 ... 12
第一节　概述 ... 12
第二节　数理统计 ... 12
第三节　误差分析与数据处理 ... 25
第四节　不确定度原理和应用 ... 31
第五节　法定计量单位及其应用 ... 38

第三章　建设工程检测新技术简介 ... 45
第一节　概述 ... 45
第二节　冲击回波检测技术 ... 45
第三节　工程结构动力检测技术 ... 50
第四节　红外热像检测技术 ... 55
第五节　雷达检测技术 ... 60
第六节　光纤传感器在工程检测中的应用 ... 65
第七节　混凝土灌注桩钢筋笼长度检测技术 ... 69
第八节　桩承载力的荷载自平衡测试方法 ... 71

第四章　工程质量检测相关法律法规 ... 78
一、引言 ... 78
二、中华人民共和国计量法 ... 79
三、中华人民共和国计量法实施细则 ... 82
四、实验室和检查机构资质认定管理办法 ... 88
五、中华人民共和国标准化法 ... 93
六、中华人民共和国标准化法实施条例 ... 96
七、中华人民共和国产品质量法 ... 101
八、中华人民共和国强制检定的工作计量器具检定管理办法 ... 108
九、中华人民共和国依法管理的计量器具目录 ... 110
十、产品质量仲裁检验和产品质量鉴定管理办法 ... 113
十一、建设工程质量检测管理办法 ... 117
十二、建设工程质量责任主体和有关机构不良记录管理办法(试行) ... 123
十三、建筑市场诚信行为信息管理办法 ... 126

十四、江苏省建设工程质量检测管理实施细则 …………………………………………… 129

十五、江苏省建设工程质量检测机构与人员信用管理规定 …………………………… 134

十六、江苏省建设委员会关于实施全省桩基检测合同审查备案制度的通知 ………… 137

十七、江苏省建设工程桩基质量检测机构资质管理暂行办法 ………………………… 138

十八、关于进一步加强我省建设工程质量检测管理的若干意见 ……………………… 141

十九、关于改变我省建设工程质量见证取样检测委托方有关事项的通知 …………… 145

第一章 概 论

建设工程质量检测是指工程质量检测机构接受委托，依据国家有关法律、法规和工程建设强制性标准，对涉及结构安全项目的抽样检测和对进入施工现场的建筑材料、构配件的见证取样检测。建设工程质量检测是建设工程质量控制的一项基础性工作，是保证质量的一个重要环节，也是工程质量监督的重要内容和技术保证。因此，开展和做好建设工程质量检测工作，确保检测报告真实可信、准确有效完整，对于加强工程质量管理，保证工程质量关系重大。

建设工程质量检测工作是一项技术性、专业性很强的工作，必须保证具备科学性、公正性、准确性、真实性、时效性、严肃性的特征。因此，国家有关规定对开展工程质量检测工作的检测机构及人员做了明确要求，检测机构必须获得省级（含省级）以上建设行政主管部门的资质证书和技术监督部门的计量认证合格证书，方可开展质量检测工作，江苏省对现行规范要求复验和功能性检测的项目实行备案管理。未取得资质或未备案的机构出具的检测报告不能作为工程质量验收的依据。

江苏省的建设工程质量检测工作的发展历程基本同全国其他地区一致，伴随我国建筑业改革的发展和建设管理体制的调整和完善而不断快速有序发展。从以建立企业内部试验室为主要手段的质量保证机构，到质量监督机构设立检测机构，实现监督检测一体化，再到检测机构作为中介机构逐步走向市场化的阶段。每个阶段的质量检测机构不管以何种体制、机制和方式开展检测工作，都在相应历史进程中成为加强质量管理工作的重要手段，并为保证工程质量做出了重要贡献。同时，随着我国社会主义市场经济体制和建设法规体系不断建立和完善，全民质量意识不断提高，建设工程质量检测工作更充满了发展的潜力和希望，必将在经济建设和城乡一体化进程中发挥更大的作用。

第一节 建设工程质量检测的目的和意义

建设工程质量的重要性勿庸置疑，但由于建设工程本身和建设生产的特点，决定了建筑产品的特点，同时也正是建筑产品的诸多特点使得建设工程质量具有控制难、检验难、评价难和处置难等问题，而建设工程质量这些特点正是开展工程质量检测工作的前提和基础，从而也明确了建设工程质量检测的目的和意义。

一、建设工程质量检测的特点

1. 建设工程质量检测的公正性

工程质量检测机构担负着涉及结构安全及重要使用功能内容的抽样检测和进入施工现场的建筑材料、构配件及设备的见证取样检测工作，社会责任重大。要保证检测数据的准确有效，必然要求工程质量检测机构坚持独立、公正的第三方地位，在承接业务、试验检测和检测报告形成过程中，不受任何单位和个人的干预和影响。同时要求检测人员必须具有良好的职业道德，严格执行国家的法律、法规和工程建设强制性标准，敬业爱岗、遵章守纪、廉洁自律地开展检测工作，坚决不作假试验，不出假报告，才能从根本上保证检测数据真实可信、准确有效，保证检测行为公平公正，这也是一个工程质量检测机构的立根之本、生存之基。

2. 建设工程质量检测的科学性

建设工程质量检测是一项技术性很强的工作。实践证明，做好工程质量检测工作，除要求一支作风正派的检测队伍外，还要求检测机构开展检测工作必须具有良好的检测环境、先进适用的检测技术和仪器设备，检测人员必须采用科学的检测方式，严格按有关技术标准、规范和规程开展每项检测工作，从技术层面上确保检测数据的准确可靠。

3. 建设工程质量检测的真实性

工程质量检测机构要对其出具的检测数据负责，对于抽样和取样的检测，要保证试件能代表母体的质量状况和取样的真实性。因此检测机构开展检测工作，必须严格执行见证取样送检制度、样品流转和处理制度、密码管理制度和检测试样的留置制度，试样的分类、放置、标识、登记应符合标准，保证检测数据有可追溯性。并且委托检测必须由建设方委托，现场抽样必须实事求是，科学规范，保证从取样到检测报告出具的各个环节均能不影响样品的真实性。

4. 建设工程质量检测的准确性

一个检测的数据最终的形成，涉及众多环节和因素影响，无论从样品和仪器设备的完好状态、检测环境条件，还是数据的采集和处理，都会直接影响最终的检测结果的准确性。因此，工程质量检测机构必须建立健全的质量保证体系，制定切实可行的质量管理手册，从组织机构、仪器设备、人员素质、环境条件、工作制度等方面，不断加强内部管理和自身建设，以确保出具的每个检测数据准确可靠。

5. 建设工程质量检测的时效性

建设工程质量的特点决定了工程质量预控和质量隐患、事故处理及时性的重要性，而工程质量检测工作作为质量控制、原因分析、事故处理最直接、最有效的手段，必然也要求检测工作必须及时有效地开展。无论从各项原材料、成品、半成品检测，还是到现场实体抽测，都必须严格遵循规范规定的要求进行。如水泥 3d、7d、28d 强度试验和安定性试验、抽芯试件的检测、桩基静荷载检测等，都存在着对检测时间的要求。同时，为了及时查处质量隐患和质量事故，检测机构还必须严格执行不合格试件的报告制度，及时向建设行政主管部门或质量监督机构报告不合格试件的检测信息。

6. 建设工程质量检测的严肃性

工程质量关系到百年大计，关系到经济建设和社会发展，关系到人民群众的切身利益和生命财产安全，工程质量检测机构担负着为建设各方和质量监督机构提供技术保证和质量监控的工作，社会责任重大。因此，每个从事质量检测工作的检测人员，务必要有高度的使命感和强烈的责任感，时刻牢记每一个检测数据都会直接影响到参建各方和质量监督机构对工程质量监控评判、处理的方式和结果，必须要一丝不苟、认真严肃对待每项检测工作。

二、建设工程质量检测的目的

建设工程质量的重要性和特点是开展工程质量检测工作的基础和前提，工程质量检测工作是做好工程质量工作的技术保证和重要手段。因此，开展工程质量检测工作有着明确目的。

1. 为确保建筑产品的内在质量提供依据。建筑产品是将产品所需的各种原材料、构配件等物质要素，按照预定的目标，通过施工过程将它们有机组合起来而得到的产品。建筑产品的质量，形成于产品生产的各个环节，其中工程所使用的各种原材料、构配件、成品、半成品的质量，是影响建筑产品质量的最基础性因素，只有通过质量检测，才能确定这些物质要素的内在质量，并提供数据依据。

2. 为工程科学设计提供依据。通过工程质量检测，为工程设计提供了科学量化的控制指标，保证了工程建设的安全性、适用性和科学性。如桩基静荷载检测，为设计单位直接提供了桩基础设计的依据。

3. 为加强质量安全控制提供依据。在建设过程中，检测机构提供的各类检测信息，是参建各方进行组织施工、质量安全控制、纠正偏差、分析质量安全事故原因的重要信息和依据，将检测数据和过程控制结合起来，充分利用检测数据进行质量安全管理，这是检测的根本目的。

4. 为工程质量认定和验收提供依据。只有通过工程质量检测，才能为分项工程、分部工程、单位工程质量验收提供认定的科学依据。

5. 为质量监督机构提供了最有效的监督手段。检测机构报告和反馈的检测信息，能保证质量监督员及时掌握工程的质量信息，使动态化质量监督工作更具有针对性，更能及时有效查处质量隐患，更能公正地认定工程质量，促进质量监督工作规范、有序、高效开展。

6. 为做好工程质量工作提供了强大的威慑力。检测数据是事中质量控制和事后质量事故处理的重要依据，而检测制度本身也是对参建各方的一种威慑和监督，达到了促使参建各方事前加强质量管理的目的。

三、建设工程质量检测的意义

百年大计，质量第一。建设工程质量不仅影响到国民经济建设的运行质量，而且还牵涉到千家万户，影响到子孙后代，直接关系到人民的生命财产安全，甚至会影响社会的稳定和安定团结。特别是随着住宅工程向产业化发展，工程质量问题已成为社会关注、人民群众关心的热点和焦点。搞好工程质量，这是党和政府为人民群众办实事的重要体现。而工程质量检测是控制工程质量、评定工程质量优劣的最直接、最科学、最可靠的依据，也是政府部门加强质量监督的重要手段。工程质量检测所提供检测的数据和信息，不仅为设计单位提供了科学的、量化的设计依据，而且为施工企业、建设单位(监理单位)提供了质量控制和监控的依据，使参建各方能科学地组织施工、调整施工方案和优化资源分配，最大限度地减少资金盲目投入和有效地控制工程造价。同时，也为参建各方和质量监督机构提供了及时发现工程中存在问题的手段，以便做到及时发现，及时处理，最大程度地减少损失，保质按期完成工程建设任务。

通过工程质量检测，不仅可以防止劣质建设材料使用到工程上，而且还可以通过实体检测，来判断工程结构的安全性，杜绝不合格工程流向社会，保证投资者投资利益，维护消费者权益。特别是建设工程的逐步商品化，人们在买卖建设工程的过程中，避免不了对工程质量持不同意见，或在人们使用过程中，出现这样那样的质量问题，这些均需要有一个专门的机构来出具一份具有权威性、公正性、科学性的检测报告来判别工程质量的实际状况，来解决存在的工程质量纠纷，从而有效地化解和处理这类社会矛盾。因此，做好工程质量检测工作，不仅具有重要经济意义，还具有重要的社会和政治意义。

第二节　建设工程质量检测的历史、现状及发展

随着我国经济建设和社会事业的全面发展，我省的建设工程质量检测工作已伴随着我国建筑业改革的发展和建筑业管理体制的调整和完善而得到不断加强和发展，并随着我国社会主义市场经济体制建立、健全和完善，建设工程质量检测工作在新形势下必将遇到更多的挑战，同时也更充满着更大的发展希望和前景。

一、建设工程质量检测的历史

1. 建立企业内部试验室为主要手段的质量保证机构

20世纪80年代以前，建设工程质量检测仅仅是施工企业质量保证体系的一个组成部分，这是

由当时的特定历史条件决定的。在那时,我国实行的是高度集权的计划经济体制,社会主义公有制绝对占居了国民经济的主导地位,工程建设的目的是建立完整的国民经济体系,不断改善人民物质文化生活。工程建设各参与者的根本利益是基本一致的,建筑领域的建筑生产长期被认为是"来料加工"活动,是单纯消费国家投资和建筑材料行为,施工任务由政府按计划和行政区域所属的建筑企业直接下达,建筑材料由政府向工程项目按需调拨。政府对参建各方的工程活动采取的是单向行政管理,建设、施工只是任务执行者,是行政管理部门的附属物。因此,建设工程质量控制仅仅只要通过建筑施工企业本身的管理、本身约束就能达到,工程质量检测工作也是由企业内部的试验室来完成。在这样的体制下,这必然导致工程质量检测机构缺乏独立性,工程质量检测数据缺乏公正性、科学性,而且受到当时条件的限制,检测内容单一、检测手段简单、检测方法粗劣。

2. 建立承担一定行政职能的工程质量检测机构

20世纪80年代至90年代末,我国进入了改革开放新的时期,建设领域的工程建设活动发生了一系列的重大变化,投资主体逐步开始多元化,施工企业摆脱了行政附属地位,开始向自主经营、自负盈亏的相对独立的商品生产者转变;工程建设参与者之间的经济关系得到强化,追求自身利益的趋势日益突出。这种格局的出现,使原有的建设管理体制越来越不适应发展的要求。从属于施工企业内部的试验室缺乏工作独立性,无法保证工程质量检测工作的公正性,建设工程中粗制滥造、偷工减料的现象未能通过检测手段来及时发现,使带有严重质量隐患的工程投入使用。据于这样的情况,1985年城乡建设环境保护部和国家标准局联合颁发了《建筑工程质量监督条例(试行)》和《关于建立"建筑工程质量检测中心"的通知》、《建筑工程质量检测工作规定》(85 城建字第 580 号)等规范性文件,对建筑工程质量检测工作作出了明确的规定。检测机构设置是按照行政区域来进行设置的,设置成国家级、省级、市级和县级检测机构。在当时历史条件下,这样的设置,使检测机构成为独立的第三方质量检测的法定单位,跨出了历史性的一步,彻底改变了检测机构的地位,明确了检测机构的任务、权利和义务,从而一定程度上保证了检测机构出具的检测数据具有独立性和公正性,并具有法定效力。实践证明,当时这样建设管理体制的重大改革,对及时查处质量隐患,加强质量监管工作,扼制全国建设工程质量的滑坡趋势,提高建设工程质量作出了重大的贡献。但当时这样建立承担一定行政职能的检测机构,明显带有较浓的行政色彩,使检测工作不仅具有行政封闭性,而且还有地区保护性,一定程度上影响了检测机构出具的检测数据的科学性和公正性。

3. 建立质量监督与检测一体化的工程质量检测机构

1996年,为进一步加强建设工程质量检测工作,建设部印发了《关于加强工程质量检测工作的若干意见》的通知,明确要求新设置的市(地)、县(市)的工程质量检测机构宜设在当地工程质量监督机构之中,不宜再单独设立。同时也明确规定,企业内部土建试验室要达到一级试验资质条件并经省建设行政主管部门批准,方可承担承接社会委托的检测任务。这样的建设管理体制改革,使各地检测机构能充分利用质量监督机构的地位和作用,迅速应运而生,并在质量监督机构强有力的行政手段的支撑下,检测机构的自身建设迅速加强、检测内容不断扩大、检测方法更趋科学、检测机构的综合实力大幅度提升。应该说检测机构在这个历史阶段发展最为迅猛,对强化质量监督手段,提高质量监督效能,提升建设工程质量管理水平的作用也是最明显的。但这样的建设管理体制仍未改变工程质量检测机构的性质,设在质量监督机构中的检测机构,由于没有独立的法人地位,仍无法为出具错误甚至虚假报告独立承担民事法律责任,其中包括赔偿责任。且在监督过程中再从事赢利性检测收费活动,这种"既当运动员,又当裁判员"的检测活动,容易产生行政腐败,也不利于工程质量责任的落实。

4. 建立市场化的中介检测机构

2000年1月30日国务院颁布了《建设工程质量管理条例》，以法律的高度确立了建设工程质量检测工作的地位和作用，为进一步改革和完善我国建设工程质量管理体制明确了方向。2000年4月26日，江苏省出台颁布了《江苏省建筑市场管理条例》，首次以法律形式明确了建设工程质量检测机构为中介服务机构，彻底改革了检测机构性质，明确了工程质量检测行业发展方向，从此彻底打破了政府投资的检测机构一统天下的检测行业格局。各类主体投资建立的检测机构应运而生，一部分原先政府投资兼有一定行政职能的检测机构通过改革改制，也开始走上了市场化道路，真正成为具有独立法人资格，独立承担民事法律责任的检测机构，并同建设、施工、监理、勘察、设计等单位一样，成为了工程质量的责任主体。2005年11月1日，建设部颁布了第141号令《建设工程质量检测管理办法》，为建设工程质量检测的监督管理提供了法规依据。

二、建设工程质量检测工作的现状

随着国家基本建设体制的深化改革，建设工程质量检测工作取得了飞速的发展。特别是2000年1月30日国务院颁发了《建设工程质量管理条例》后，我国的工程质量监督管理工作进行了一系列的改革，也给工程质量检测工作带来前所未有的发展机遇，江苏省的工程质量检测机构得到迅速地发展壮大。

1. 建设工程质量检测机构不断地发展

建设工程质量检测工作在各级建设行政管理部门的关心和支持下，在广大检测工作者共同努力下，检测机构从无到有、规模从小变大、工作类型从单一到综合，检测内容不断扩大，检测手段不断提高，检测装备和检测环境不断得到改善，检测综合能力大大提高。江苏省工程质量检测机构已由过去的不足百余家发展到目前230多家。

2. 建设工程质量检测的相关规章制度逐步完善

经过十几年的不懈努力，工程质量检测工作基本实现了有法可依，有章可循。在《建筑法》、《计量法》、《产品质量法》、《建设工程质量管理条例》、《江苏省建筑市场管理条例》、《建设工程质量检测管理办法》、《房屋建筑工程和市政基础设施工程实行见证取样和送检的规定》等一系列国家法律法规和规章启动下，江苏省建设厅分别下发了《关于进一步加强我省建设工程质量检测管理的若干意见》（苏建质2004年318号）、《江苏省建设工程质量检测飞行检查实施方案（试行）》（苏建质2004年309号）、《江苏省建设工程质量检测行为职业道德（试行）》（苏建质监2004年24号）、《江苏省建设工程质量检测管理实施细则》（苏建法[2006]97号）、《江苏省建设工程质量检测机构与人员信用管理规定》、《江苏省建设工程质量检测见证取样送检暂行规定》、《江苏省建设工程桩基质量检测机构资质管理暂行办法》等规范文件，并颁发了江苏省工程建设标准《建设工程质量检测规程》（DGJ 32/J21—2009），使工程质量检测工作得到制度上的保障，促进了江苏省工程质量检测行业健康、有序地发展。

3. 建设工程质量检测软、硬件建设得到迅速发展

目前，江苏省各地的质量检测机构均采用了"二块"检测数据自动化采集系统，采取科学有效的手段加强管理，提升了检测机构的整体技术和管理水平。在江苏省许多检测机构中，使用了计算机管理系统。一些检测机构还安装远程监控系统，主动接受省质监总站的动态监督，这些措施大大减少了产生虚假检测报告的人为因素，提高了检测机构的工作效率和质量，并确保了工程质量检测工作的真实性、公正性。同时，江苏省检测人员业务水平有了较大提高。

但是，随着工程质量检测市场的逐步开放，竞争越来越激烈，引发的一些矛盾和问题也越来越突出。主要表现在：以盲目压价、违规承诺等手段承揽检测业务，片面追求经济利益，对检测市场秩序和检测行业的信誉产生较为严重的负面效应；检测领域的虚假行为和检测数据的虚假现象有所抬头；一些地区检测机构盲目扩张，过度竞争，检测人员素质参差不齐；严重影响了检测行业的

健康发展;少数检测机构内部管理松散,制度不健全,工作质量难于保证。在这种情况下,建设行政主管部门对检测市场及检测行业监管的任务和责任更加加重,必须与时俱进、不断创新工作管理思路、工作制度、管理方式,不断加大监管力度和依法行政力度,方能促进江苏省工程质量检测行业的健康有序的发展。

三、建设工程质量检测的发展趋势

随着社会主义市场经济不断完善和加入WTO世贸组织规则的要求,我国必将在更深层次、更广领域对外开放,国外的检测机构将会进入中国市场,检测市场的竞争将更加激烈,国内检测机构将面临着巨大的挑战。同时,随着社会进步和建筑技术的发展,高层建筑、复杂结构的建筑以及建筑新材料、节能材料在工程中广泛的采用,对工程质量检测工作也提出了新的更高要求。工程质量检测行业要适应这种新形势需要,积极调整,加快改革,努力朝着社会化、专业化的方向发展,真正成为自主经营、自担风险、自我约束、自我发展、平等竞争的社会中介机构。

1. 检测机构的社会化

工程质量检测机构的社会化是社会发展的大趋势。这是由以下四方面原因决定的:(1)由检测机构的性质和工作任务决定的。检测机构是利用专业知识和专业技能接受政府部门、司法机关、社会团体、企业、公众及各类机构的委托,出具检测签证报告或发表专业技术意见,实行有偿服务并承担法律责任的机构,属于社会中介机构;(2)由国家有关法律、法规的规定决定的。工程质量检测机构是属于社会中介机构,则必须具有独立的法人地位,就不得与行政机关和其他国家机关存在隶属关系或者其他利益关系;(3)由检测机构成为工程质量责任主体之一的要求决定的。检测机构在工程建设中提供与工程质量相关的检测数据,并对其出具的检测结果和数据承担相应的法律责任,对因检测机构的过失而造成的损失,还要承担相应的民事赔偿责任;(4)人们的质量意识不断提高的需要。随着全民法律意识不断增强,对于工程质量方面的纠纷,当事方往往要求通过法律程序解决,法院在审理和判定工程质量纠纷时,也要委托具有司法鉴定资格的工程质量检测机构进行检测和提供鉴定报告。

2. 检测机构的市场化

通过市场化运作,充分利用市场各种手段,才能有效地配置检测资源,优化各地的检测资源,使检测行业走上可持续的健康发展道路;也只有通过市场这只"无形手"才能促使检测机构不断进行技术创新,不断加强自身建设,不断提高市场开拓能力和服务水平,通过树信誉、创品牌,促使检测机构、检测行业在市场中发展壮大。

3. 检测机构的科技化

随着社会的进步和建筑技术的发展,高层建筑和复杂结构的建筑以及建筑新材料、节能材料在工程中的广泛的应用,势必导致工程质量检测工作技术含量越来越高。检测机构必须主动适应这一新形势需要,依靠科技进步,不断提高和完善检测技术水平和手段,方能实现可持续发展。

4. 检测机构的信息化

检测机构的信息化是实现检测数据科学性、公正性、准确性的基本保证,是实施工程质量检测工作规范化和标准化建设的重点。要实现检测过程管理全部信息化,必须要求检测机构全面推广使用管理软件,全面推广检测数据自动采集系统,保证从检测数据的采集到信息的管理全面实现自动化,努力减少因人的因素影响检测数据的真实性、准确性、公正性。同时,检测机构信息化的实施,能使质量监督部门及时了解当地工程质量动态,及时处理质量问题,不断提高质量监督机构的工作效率和工作质量。

5. 检测机构的国际化

随着检测行业的市场化,检测市场逐步对外开放,国外的先进的检测机构必将进入中国的检测市场,检测机构间的竞争将越来越激烈。因此,检测机构一定要有这种忧患意识和紧迫意识,树立起良好的服务意识、人才意识和竞争意识,加快国家实验室认可工作,借鉴现代企业管理经验,为早日适应检测行业的国际竞争作好准备。

第三节 建设工程质量检测的机构及人员

建设工程质量检测机构是指对建筑工程和建筑构件、制品以及进入施工现场的建筑材料、设备质量进行检测的法定单位,是具有独立法人资格的中介机构。它同其他从事建设工程技术服务的中介机构一样,国家有关法律、法规对其机构的设置、管理和人员素质要求等都作了明确的规定,并随着建设法规体系的不断建立、健全和完善,对检测机构的管理工作将更日趋规范,从而来保证工程质量检测工作应具有的特点。

一、建设工程质量检测机构的性质和设置的主要条件

工程质量检测机构作为具有独立法人资格的中介机构,必须是能独立承担相应民事法律责任的法人实体,且必须经过省级建设行政主管部门的资质审查、备案审查和技术监督部门的计量认证审查,获得《工程质量检测机构资质证书》或《工程质量检测机构备案证书》和《计量认证合格证书》,方可在有效期内开展质量检测工作。工程质量检测机构资质申请或备案申请的主要条件:

1. 检测机构具有独立的法人资格;
2. 取得工商营业执照,注册资金满足检测机构资质相应要求;
3. 取得申请检测资质范围相对应的计量认证证书;
4. 具有与开展检测工作相适应的办公场所、试验场所、试验仪器和工作环境,试验仪器均计量检定合格;
5. 检测机构技术负责人、质量负责人、授权签字人应具有一定年限以上从事建设工程技术管理工作经历,满足与工作岗位相适应的学历(学位)和职称的要求;检测人员必须取得与从事检测项目相对应的岗位合格证书;开展的检测项目需配备足够的检测人员,每个检测项目的持有岗位合格证书人员均不少于3人;
6. 检测机构具有完善的质量管理体系和内部管理的各项规章制度。

二、建设工程质量检测机构的分类

建设工程质量检测机构按照其承担的业务内容分为专项检测机构、见证取样检测机构和备案类检测机构。

三、建设工程质量检测机构的管理

1. 建设工程质量检测机构的行政管理

国家对建设工程质量检测活动实施资质管理。国务院建设行政主管部门负责对全国建设工程质量检测活动实施监督管理,并负责制定检测机构资质标准。省、自治区、直辖市人民政府建设行政主管部门负责对本行政区域内的建设工程质量检测活动实施监督管理,并负责工程质量检测机构的资质审批。设区的市、县(市)建设行政主管部门对本行政区域内的建设工程质量检测活动实施监督管理。江苏省建设工程质量监督总站受江苏省建设厅的委托,具体负责江苏省建设工程质量检测活动的监督管理。

省建设行政主管部门收到申请人提交的由设区的市建设行政主管部门签署意见的《建设工程质量检测机构资质申请表》或备案申请等所有申请材料后,应当依法作出是否受理的决定,并向申

请人出具书面凭证;申请材料不齐全或者不符合法定形式的,应当在 5 日内一次性告知申请人需要补正的全部内容。逾期不告知的,自收到申请材料之日起即为受理。

省建设行政主管部门受理资质或备案申请后,对申请材料进行审查,必要时组织专家进行现场符合性审查,自受理之日起 20 个工作日内审批完毕并作出书面决定。对符合资质或备案标准的,自作出决定之日起 10 个工作日内颁发相应的《建设工程质量检测机构资质证书》或备案证书,并报建设部备案。检测机构资质证书或备案证书有效期为 3 年。资质或备案证书有效期满需要延期的,检测机构应当在资质或备案证书有效期满 30 个工作日前按省建设行政主管部门的有关资质或备案申请审批程序,申请办理延期手续。

检测机构在资质证书或备案证书有效期内没有下列行为的,资质证书或备案证书有效期届满时,经省建设厅同意,不再审查,资质证书有效期延期 3 年,由省建设厅在其资质证书副本上加盖延期专用章;检测机构在资质证书有效期内有下列行为之一的,省建设厅不予延期。

(1)超出资质或备案范围从事检测活动的;
(2)转包检测业务的;
(3)涂改、倒卖、出租、出借或者以其他形式非法转让资质证书或备案证书的;
(4)未按照国家有关工程建设强制性标准进行检测,造成质量安全事故或致使事故损失扩大的;
(5)伪造检测数据,出具虚假检测报告或者鉴定结论的。

检测机构取得检测机构资质或备案后,不再符合相应资质或备案标准的,省建设厅根据利害关系人的请求或者依据职权,责令其限期改正;逾期不改的,撤回相应的资质证书或备案证书。任何单位或个人不得涂改、倒卖、出租、出借或者以其他形式非法转让资质证书或备案证书。检测机构变更名称、地址、法定代表人、技术负责人、质量负责人以及补办资质证书或备案证书的,应当在 3 个月内按资质(备案)申请审批程序到省建设厅办理有关手续。检测机构因破产、解散的,应当在 1 个月内将资质证书或备案证书交回省建设厅予以注销。

建设单位不得将应当由一个检测机构完成的检测业务(不含专项检测)肢解成若干部分委托给几个检测机构。委托方与被委托方应当签订书面合同。其内容包括委托检测的内容、执行标准、义务、责任以及争议仲裁等内容。行政机关和法律法规授权的具有管理公共事务职能的单位及个人不得明示或暗示建设单位将检测业务委托给指定检测机构。检测结果利害关系人对检测结果发生争议,由双方共同认可的检测机构进行复检,复检结果由提出复检方报当地建设主管部门备案。

工程质量检测应当严格执行国家和省有关规定、标准等,在建设单位或者工程监理单位监督下现场取样。检测原始记录应当全面、真实、准确,并经主检人、审核人签字。检测机构完成检测后,应当依据检测数据及时出具检测报告。检测报告经检测人员签字、审核人员签字、检测机构法定代表人或者其授权的签字人签署,并加盖资质(备案)专用章和检测机构公章或者检测专用章后方可生效。检测机构应当对其检测数据和检测报告的真实性和准确性负责。检测机构违反法律、法规和工程建设强制性标准,给他人造成损失的,应当依法承担相应的赔偿责任。

检测机构不得转包检测业务。省外检测机构在本省行政区域内从事工程质量检测业务的,应当向省建设厅备案。设区的市、县(市)建设行政主管部门应当对其在当地的检测活动加强监督检查。检测机构不得与行政机关、法律、法规授权的具有管理公共事务职能的组织以及所检测工程项目相关的设计单位、施工单位、监理单位有隶属关系或者其他利害关系。

2. 建设工程质量检测机构的内部管理

建设工程质量检测机构应按照国家、行业、地方的现行技术标准、规范和规程开展检测工作,从组织机构、仪器设备、检测流程、人员素质、环境条件、工作制度等方面,不断加强自身建设,建立健全质量保证体系,制定切实可行的质量管理手册和主要规章制度,并在检测工程中认真贯彻执行。

(1)检测机构的主要规章制度:①各级人员岗位责任制;②委托检测制度;③操作规程和安全制度;④仪器设备管理制度;⑤养护室(箱)管理制度;⑥检测报告复核、审查、签发制度;⑦检测试样留置制度;⑧不合格检测结果报告制度;⑨密码管理制度;⑩教育培训制度;⑪资料档案管理制度。

(2)检测机构的检测流程:业务受理→检测实施→检测原始记录→检测报告→样品处置→档案管理。

检测工作必须严格遵循国家和地方颁布的有关建设工程技术标准、规范和规程,出具的检测报告必须实事求是,数据和结论准确可靠,字迹清楚,不得涂改。检测机构应当单独建立检测结果不合格项目台账,并定期上报工程所在地质量监督机构。其中涉及结构安全检测结果为不合格时,应当在一个工作日内报至该工程项目的质量监督机构。检测机构必须加强资料档案管理,检测合同、委托单、原始记录、检测报告应当按年度统一编号,编号应当连续,不得抽撤、涂改。

3. 建设工程质量检测机构的行业管理

建设工程质量检测机构作为技术签证类中介机构,在不断强化内部管理,自觉遵守国家有关法律、法规和建设工程强制性标准的同时,还应积极推动、大力发展检测行业协会,充分依靠行业协会的管理作用,来不断加强检测行业的自律管理工作,从而保障检测行业健康有序地发展,维护检测市场秩序,规范检测机构行为,塑造检测行业良好的社会形象。行业自律内容应主要包括以下几个方面:

(1)严格标准、依法经营

检测机构应当自觉遵守国家有关方针政策和法律法规,严格按有关技术标准、规范和规程开展检测工作;在资质核定的范围内依法经营,维护国家和行业的整体利益。

(2)诚信为本、信誉第一

检测机构应当重视创建和维护机构的信誉和品牌,教育和督促本机构从业人员恪守诚信服务的原则,树立正确的职业道德观。

(3)团结协作、共同发展

检测机构要依靠科学的管理和先进的技术,提高检测水平和对社会的服务能力;提倡行业团结协作、互尊互助,发挥整体优势。

(4)维护秩序、公平竞争

检测要做到公平公正、合法有序的竞争。反对低价、违规承诺等恶性竞争手段承接检测业务,共同维护检测市场秩序和行业整体利益,促使检测行业健康发展。

(5)独立公正、抵制干扰

检测机构应当坚持独立、公正的第三方地位,在承接业务、质量检测和检测报告形成过程中,应当不受任何单位和个人的干预和影响,确保检测工作的独立性和公正性。

(6)履行承诺、维护权益

检测机构应当自觉维护委托方合法权益;认真履行对委托方的正当承诺。

(7)科学准确、严禁虚假

检测机构应当科学检测,确保检测数据的准确性;不得接受委托单位的不合理要求;不得弄虚作假;不得出具不真实的检测报告;不得隐瞒事实。

(8)制度公开、接受监督

检测机构要做到制度公开:公开检测依据;公开检测工作流程;公开窗口人员身份;公开检测收费标准;公开检测项目承诺期;公开投诉方式等,主动接受社会监督。

四、建设工程质量检测人员的要求

建设工程质量检测的特点,决定了对从事检测工作的检测人员素质的高要求,无论从技术素养方面,还是到工作作风、职业道德方面,国家有关法律、法规都有明确的要求,充分体现了以人为本的管理理念,通过保证从业人员素质来根本保证检测工作质量。

1. 检测能力方面要求

(1)检测人员必须持有省建设行政主管部门颁发的岗位合格证书,持证人员年龄不超过65周岁;

(2)检测机构的技术负责人应为在职人员,具有工程类高级以上的技术职称,从事检测工作3年以上。并持有岗位合格证书;

(3)检测报告审核人必须经检测机构授权,且是工程类初级以上技术职称,从事检测工作至少5年,工程类中级以上职称从事检测工作不少于3年,并持有相应的岗位合格证书;

(4)检测报告应由法定代表人或技术负责人签发。特殊情况下,可由法定代表人授权签发,并报省检测主管部门备案。签发人对检测报告负责;

(5)检测机构应对开展的检测项目配备足够的检测人员,每个检测项目的持有岗位合格证书人员均不少于3人。每个检测人员在岗检测项目不多于5项,审核人员在岗审核项目不多于8项,签发人员签发项目不限。

2. 检测人员管理方面要求

(1)检测人员应当严守职业道德和工作程序,保证试验检测数据科学、客观、公正,并对试验检测结果承担法律责任;

(2)检测人员不得同时受聘于两个或者两个以上检测机构。检测人员单位变动的,应当办理变更手续;

(3)检测人员不得推荐或者监制建筑材料、构配件和设备等;

(4)检测人员与工程项目有利害关系应回避。

3. 检测人员职业道德方面要求

(1)勤奋工作、爱岗敬业

热爱检测工作,有强烈的事业心和高度的社会责任感,工作有条不紊,处事认真负责,恪尽职守,踏实勤恳。

(2)科学检测、公正公平

遵循科学、公正、准确的原则开展检测工作,检测行为要公正公平,检测数据要真实可靠。

(3)程序规范、保质保量

严格按检测标准、规范、操作规程进行检测,检测工作保质保量,检测资料齐全,检测结论规范。

(4)遵章守纪、尽职尽责

遵守国家法律法规和本单位规章制度,认真履行岗位职责;不在与检测工作相关的机构兼职,不得利用检测工作之便谋求私利。

(5)热情服务、维护权益

树立为社会服务意识;维护委托方的合法利益,对委托方提供的样品、文件和检测数据应按规定严格保密。

(6)坚持原则、刚直清正

坚持真理,实事求是;不做假试验,不出假报告;敢于揭露、举报各种违法违规行为。

(7)顾全大局、团结协作

树立全局观念、团结协作,维护集体荣誉;谦虚谨慎,尊重同志,协调好各方面关系。

(8)廉洁自律、反腐拒贿

廉洁自律、自尊自爱;不参加可能影响检测公正的宴请和娱乐活动;不进行违规检测;不接受委托人的礼品、礼金和各种有价证券;杜绝吃、拿、卡、要现象,清正廉明,反腐拒贿。

第四节 学习方法与要求

建设工程质量检测是一项涉及多种相关学科、理论知识要求高、实际操作能力强的工作。它主要包括建筑材料检测、结构工程质量检测、市政工程质量检测、建筑安装工程质量检测、建筑装饰与室内环境检测等方面内容,所引用的检测标准和规程种类繁多。因此,要求学员在培训过程中认真学习教材内容,认真领会标准、规程中有关样品要求、抽样方法、试验方法、试验环境、仪器设备(规格、型号、精度)、操作要点、数据处理方法、原始记录和报告格式等要求。并注重实际操作经验的积累,对试验操作中的难点和重要的试验方法,要理解其试验原理和影响试验结果的因素。

由于建设工程检测依据的标准、规范和规程经过一定的时间常常需要修订和变更,并随着新的建材产品的出现,也会出现新的相应产品标准,一次或若干次培训不可能永久性的学会所有检测方法。因此,要求学员通过培训能够达到如下目的:

1. 理解工程质量检测基本原理、熟悉掌握各种试验方法,了解相关法律法规;

2. 培养良好的自学能力,便于在今后工作中通过新标准和规程的学习,触类旁通,高质量完成质量检测任务;

3. 加强动手能力培养,熟练掌握检测仪器的性能、要求和操作方法等,以便取得准确、公正的试验数据;

4. 提高思想道德方面的修养,把良好的工作作风融入到检测全过程中,真正成为一个政治上过硬、技术上精湛的合格检测员。

思 考 题

1. 建设工程质量检测有哪些特点?
2. 开展建设工程质量检测的目的是什么?
3. 建设工程质量检测发展趋势将如何?
4. 建设工程质量检测机构设置的主要条件是什么?
5. 对建设工程质量检测人员有哪些具体要求?

第二章 工程质量检测基础知识

第一节 概 述

建设工程质量检测作为一种工程质量控制手段,在工程建设管理中具有举足轻重的地位。检测数据和结论是对工程质量的一种直接反映,是对工程质量进行评判的最有力的依据,其科学性、准确性、客观性、有效性显得尤为重要。而为了做到检测方法科学、检测数据准确、检测结论真实、就必须掌握工程质量检测的相关知识,因为建设工程质量检测工作的最大特点是以数据来说话,相关技术标准和规程中对各类产品的有关参数的技术要求进行了限定,其中值和误差范围都给予了定值数据,这就要求检测人员能够用科学准确、有效的检测手段和数据分析处理手段对检测数据进行记录、统计、分析和处理。考虑到读者在实际检测工作中的需要,方便检测人员进行资料检索,本章主要把一些现行有效的在检测行业广泛应用的检测相关知识进行了汇总,包括统计技术基础知识、抽样技术基础知识、数据处理和测量误差、不确定度原理及其应用、法定计量单位及其应用,并对计量认证相关知识作了介绍。

第二节 数理统计

一、基本概念

1. 随机试验

我们遇到过各种试验,如:掷一枚骰子,观察出现的点数;在一批钢筋中任意抽取一根,测试它的物理力学性能;在一批混凝土结构构件中任意抽取一个,测试它的各项技术参数,这些试验有如下共同特点:一是可以在相同条件下重复进行、二是每次试验的可能结果不止一个,并且能事先明确试验的所有可能结果、三是进行一次试验之前不能确定哪一个结果会出现。在概率统计理论中,我们将具有上述三个特征的试验称为随机试验,简称试验。

2. 随机事件

在一定的条件下,对随机现象进行观察或试验将会出现多种结果。随机现象的每一个可能出现的结果称为一个随机事件,简称事件,通常用字母 A、B、C 等表示。例如,从一批含有不合格品的混凝土空心楼板中,任意抽取 3 块进行质量检查,则"3 块全为合格品"是一个事件,"恰有 1 块不合格品"是一个事件,"不合格品不多于 2 块"是一个事件等,记为:A = "3 块全为合格品"、B = "恰有 1 块不合格品"、C = "不合格品不多于 2 块"。

随机事件有两个特殊情况,即必然事件和不可能事件。必然事件是指在一定的条件下,每次观察或试验都必定要发生的事件,记为 S,如距离测量的结果为正是一个必然事件。不可能事件是指在一定的条件下,每次观察或试验都一定不发生的事件,记为 ϕ,在掷一枚骰子试验中"点数大于 6"是不可能事件。

3. 频率与概率

随机事件的发生带有偶然性,但发生的可能性还是有大小之别,是可以设法度量的。人们在生产、生活和经济活动中,关心的正是随机事件发生的可能性大小。

随机事件的特点是:在一次观测或试验中,它可能出现、也可能不出现,但是在大量重复的观测或试验中呈现统计规律性。

频率:在一定的条件下进行 n 次重复试验,如事件 A 出现了 m(m 称为频数)次,则称 $f_n(A) = m/n$ 为事件 A 在 n 次试验中出现的频率。

由事件 A 在 n 次试验中出现的频率 $f_n(A)$ 的变化,可以看出其发生的规律性。如抽检某砖厂生产的一批砖的质量,观察事件 A = "砖合格"发生的规律性,抽检结果于表 2-1 所示:

事件 A 抽检结果 表 2-1

n(抽检块数)	5	60	150	600	900	1200	1800	2000
m(合格块数)	5	53	131	543	820	1091	1631	1812
$f_n(A)$	1	0.883	0.873	0.905	0.911	0.909	0.906	0.906

从表中看出,随着抽检次数的增加,事件 A 出现的频率在常数 0.9 附近摆动,而且逐渐稳定于这个常数值。常数 0.9 反映了事件 A 发生的规律性。

用来描述事件发生可能性大小的数量指标称为概率。概率的定义方式通常有 2 种。

概率的统计定义:在一定的条件下进行 n 次重复试验,并且事件 A 出现了 m 次。如果 n 充分大时,事件 A 出现的频率总是稳定的在某个常数 P 附近摆动,则称此常数 P 为事件 A 的概率,记为 $P = P(A)$。如上例中事件 A = "砖合格"出现的频率稳定的在 0.9 附近摆动,故事件 A 的概率为 $P = 0.9$。

在一般情况下,由概率的统计定义求事件概率的精确值是困难的,因为要得到事件出现的频率的稳定值,必须对事件的发生进行大量的观察或试验,而这在实际上是无法实现的。应用中,常以事件在 n 次重复试验中出现的频率值作为该事件概率的近似值.

概率的古典定义:当随机现象具有以下三个特征:
(1)所有可能出现的试验结果只有有限个 n;
(2)每次试验中必有一个,并且只有一个结果出现;
(3)每一试验结果出现的可能性都相同。

并且,事件 A 是由其中的 m($m \leq n$)个试验结果组成时,则事件 A 的概率为 $P(A) = \dfrac{m}{n}$。

由上述概率的定义,可以得到概率的以下几个性质:
(1)对任何事件 A,有 $0 \leq P(A) \leq 1$;
(2)必然事件的概率等于 1,即 $P(S) = 1$;
(3)不可能事件的概率等于零,即 $P(\phi) = 0$;

【例 2-1】有 20 块混凝土预制板,其中有 3 块是不合格品。从中任意抽取 4 块进行检查,求 4 块中恰有一块(记此事件为止)不合格的概率是多少?

解:预制板有 20 块,每次抽取 4 块共有 C_{20}^4 种不同的抽取方式,而抽取的 4 块中恰有 1 块不合格品的抽取方式有 $C_3^1 \cdot C_{17}^3$,故 $P(A) = \dfrac{C_3^1 \cdot C_{17}^3}{C_{20}^4} = \dfrac{2040}{4845} = 0.421 = 42.1\%$。

二、随机变量及其分布

1. 随机变量与分布函数

随机变量:如果某一量(例如测量结果)在一定条件下,取某一值或在某一范围内取值是一个随机事件,则这样的量叫作随机变量。也就是说,随机变量是用来表示随机现象结果的变量。例如测量24m预应力混凝土梁的长度,每次的测量结果为一数值,并且这些数值在某个范围,如在23.985~24.015m之间波动,如果以 X 表示每次的测量结果,也引入了一个变量 X,随着测量结果的不同,变量 X 取不同的数值;而且 X 所有可能取的值落在区间[23.985,24.015]内;又如验收一块混凝土预制板时有两种结果:"质量合格"和"质量不合格",如规定当"质量合格"时,用 $X=1$ 表示,当"质量不合格"时,用 $X=0$ 表示。这样,当我们讨论验收结果时,就可以将验收结果简单地说成是1或0。建立这种数量化的关系,实际上就相当于引入了一个变量 X,对于不同的验收结果,变量 X 将可能取1和0这两个数中的一个。

离散型随机变量:如果随机变量 X 所有可能取的值能一一列举出来(可能是有限个,也可能是无限个),则称 X 为离散型随机变量。例如从一批混有不合格品的混凝土预制板中,任意抽取3块检查,如以 X 表示抽取的3块中出现的不合格品数,则 X 所有可能取的值是0、1、2、3中的某一个值(X 取有限个值),即 X 是离散型随机变量。

连续型随机变量:如果随机变量 X 所有可能取的值不能一一列举出来,即它取的值连续得充满某个区间(可能是有限区间,也可能是无限区间),则称 X 为连续型随机变量。例如设计强度等级为C30级的一批混凝土,设其抗压强度值在25~35MPa之间波动,如以 X 表示抗压强度,则 X 取的值充满区间[25,35]。从这批混凝土中取样做成的任意一个试件的抗压强度值是该区间中的某一个数值,因此 X 是连续型随机变量。

对于随机变量 X,我们不仅要知道它取什么值,还要知道它取每个值的概率是多少。这个问题对离散型随机变量比较容易解决,因为离散型随机变量所取的值能够一一列出,并且每一个值对应随机现象的一个观察或试验结果,因此,它取某一值的概率即为这一值对应的观察或试验结果发生的概率;但是连续型随机变量取的值充满一个区间,所似只能考虑它取值落在一个区间上的概率,而这一概率用离散型随机变量取某一值概率的计算方法是不能求得的,下面引入分布函数的概念。

分布函数:设 X 是随机变量,x 是实数,事件"$X \leq x$"发生的概率 $P(X \leq x)$ 是 x 的函数,记此函数为 $F(x) = P(X \leq x)$,称 $F(x)$ 为随机变量 X 的分布函数。对于任意两个实数 x_1 和 x_2($x_1 \leq x_2$),有 $P = (x_1 < X \leq x_2) = P(X \leq x_2) - P(X \leq x_1) = F(x_2) - F(x_1)$。

分布函数 $F(x)$ 具有以下性质:

(1) $0 \leq F(x) \leq 1$;

(2) $F(x)$ 是 x 的非降函数,即当 $x_1 < x_2$ 时,有 $F(x_1) \leq F(x_2)$;

(3) $F(-\infty) = \lim_{x \to \infty} F(x) = 0, F(+\infty) = \lim_{x \to \infty} F(x) = 1$。

2. 离散型随机变量的概率分布

离散型随机变量 X 所有可能取的值 $x_1, x_2, \cdots x_n$,与 X 取 x_i 时的概率 $P(X = x_i) = P_i (i = 1, 2, \cdots n)$ 的对应关系,称为离散型随机变量 X 的概率分布。

概率分布常用以下三种方式表示:

(1) 分布式:$P = (X = x_i) = P_i$ ($i = 1, 2, \cdots n$);

(2) 分布列:$\dfrac{X}{P} \left| \begin{array}{c} x_1 x_2 \cdots x_i \cdots x_n \\ P_1 P_2 \cdots P_i \cdots P_n \end{array} \right.$

(3) 分布图:以横坐标轴表示随机变量可能取值,纵坐标轴表示取得对应值的概率,得到一系列点 $(x_i, P_i)(i = 1, 2, \cdots n)$,依次连结这些点所得到的折线图形称为分布图。

概率分布具有下面两个性质:

(1) $P_i \geq 0 (i = 1, 2, \cdots n)$;

(2) $\sum_{i=1}^{n} P_i = 1$。

离散型随机变量 X 的分布函数为：$F(x) = P(X \leq x) = \sum_{x_i \leq x} P_i$

离散型随机变量 X 的常用分布有：0-1 分布、超几何分布、二项分布和泊松分布。

3. 连续型随机变量的概率分布

(1) 概率密度函数

对于随机变量 X，如果存在非负函数 $F(x)(-\infty < x < +\infty)$，对于任意实数 a 和 $b(a<b)$，都有 $P(a < X \leq b) = \int_a^b f(x)dx$ 则称 X 为连续型随机变量，$f(x)$ 为 X 的概率密度函数。

X 落在区间 (a,b) 上的概率 $P(a < X \leq b)$，等于以区间 (a,b) 为底，以概率密度曲线 $y = f(x)$ 为曲边的曲边梯形面积，如图 2-1 所示。这样，就把求事件"$a < X \leq b$"的概率问题转化为求密度函数 $f(x)$ 在区间 (a,b) 上的定积分。

连续型随机变量 X 的分布函数为：$F(x) = P(X \leq x) = P(-\infty < X \leq x) = \int_{-\infty}^{x} f(x)dx$

概率密度函数 $f(x)$ 具有以下性质：

1) $f(x) \geq 0 \quad (-\infty < x < +\infty)$；

2) $\int_{-\infty}^{+\infty} f(x)dx = 1$。

性质 1) 和 2) 说明，概率密度曲线 $y = f(x)$ 在 x 轴上方，并且与 x 轴围成的面积等于 1。

(2) 常用分布——正态分布

正态分布是连续型随机变量中最重要和最常用的一种分布。一般地，如果每一项偶然因素对其总和的影响是均匀而微小的，即没有一项起特别突出的影响，那么，

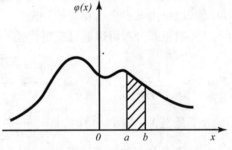

图 2-1 概率 $p(a < x \leq b)$ 示意图

就可以断定这些大量的独立的偶然因素总和是近似地服从于正态分布的。

服从正态分布的例子很多，一般说来，在生产条件基本相同的前提下，材料的抗压强度、疲劳强度、产品的几何尺寸、测量误差等都服从正态分布和近似服从正态分布。

如果随机变量 X 的概率密度函数是：$f(x) = \frac{1}{\sqrt{2\pi}\sigma} e^{-\frac{(x-u)^2}{2\sigma^2}} \quad (-\infty < x < +\infty)$，则称 X 服从参数为 μ,σ 的正态分布 $(\sigma > 0, -\infty < \mu < +\infty)$，记为：$X \sim N(\mu,\sigma^2)$。

正态分布的分布函数为：$F(x) = \frac{1}{\sqrt{2\pi}\sigma} \int_{-\infty}^{x} e^{-\frac{(x-u)^2}{2\sigma^2}} dx$

1) 概率密度函数 $f(x)$ 的几何特征

$f(x)$ 的图形如图 2-2 所示，具有以下特征：

①关于直线 $x = \mu$ 对称，左右无限伸延，并以 x 轴为渐近线；

②当 $x = \mu$ 时，曲线达到最高点。最高点的坐标为 $(\mu, \frac{1}{\sqrt{2\pi}\sigma})$；

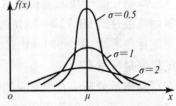

图 2-2 正态分布概率密度函数

当 x 向左右两边远离 μ 时，曲线以 $x = \mu$ 为中心，对称地向两边逐渐降低；

③参数 σ 值的大小决定曲线的形状。σ 愈大时曲线愈平缓，σ 愈小时曲线愈高陡；参数 μ 值的大小决定曲线的位置，而不影响曲线的形状；

④曲线在 $x = \mu \pm \sigma$ 处有两个拐点。

综上所述，概率密度曲线 $f(x)$ 的形状是中间高、两边低，呈钟形。

2) 标准正态分布

当 $\mu = 0, \sigma = 1$ 时的正态分布称为标准正态分布，为与服从一般正态分布的随机变量以示区别，记为 $t \sim N(0,1)$。标准正态分布的概率密度函数和分布函数分别记为 $\varphi(t)$ 和 $\Phi(t)$，即：$\varphi(t) = \frac{1}{\sqrt{2\pi}} e^{-\frac{t^2}{2}}, \Phi(t) = \frac{1}{\sqrt{2\pi}} \int_{-\infty}^{x} e^{-\frac{t^2}{2}} dt (-\infty < t < +\infty)$，$\Phi(t)$ 及 $\Phi(t)$ 的图形如图 2-3、图 2-4。

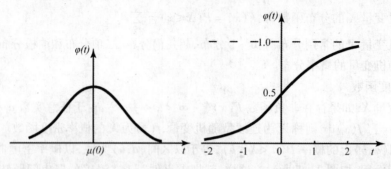

图2-3 标准正态分布概率密度函数　　图2-4 标准正态分布函数

由图2-3、图2-4可看出，$\varphi(t)$的图形关于$t=0.5$对称，$\Phi(t)$是t的单调增加的函数。$\Phi(t)$的值已制成表，称为正态分布表，对于已给的t，可由此表查出相应的$\Phi(t)$值。反之，如已给出$\Phi(t)$值，也可由该表查出相应的t值。

一般正态分布可以通过变量代换$t=(x-\mu)/\sigma$化为标准正态分布。具体化法如下：

$$F(x) = \frac{1}{\sqrt{2\pi}\sigma}\int_{-\infty}^{x} e^{-\frac{(x-\mu)^2}{2\sigma^2}}dx \xrightarrow{\diamondsuit\, t = \frac{x-\mu}{\sigma}} \frac{1}{2\pi}\int_{-\infty}^{t\sigma+\mu} e^{-\frac{t^2}{2}}dt = \Phi\left(\frac{x-\mu}{\sigma}\right) = \Phi(t)$$

于是当$X \sim N(\mu, \sigma^2)$时，$t = \frac{X-\mu}{\sigma} \sim N(0,1)$。

3）正态分布的概率计算

正态分布的概率计算分标准正态分布和一般正态分布两种情况。

①如果随机变量$X \sim N(0,1)$。则t落在区间(a,b)的概率为：$P(a<t<b) = \Phi(b) - \Phi(a)$，上式中的$\Phi(a), \Phi(b)$值，可由$a$和$b$从正态分布表中查得。

若有的正态分布表中未列入$t<0$时的正态分布函数值，则：$\Phi(-t) = 1 - \Phi(t)$。

②如果随机变量$X \sim N(\mu, \sigma^2)$，这时X落在区间(a,b)的概率$P(a<X<b)$不能直接查正态分布表计算，而要首先将其化为标准正态分布，然后再查表计算。

服从正态分布的随机变量，在区间$(\mu-3\sigma, \sigma+3\sigma)$内取值的可能性为99.73%，即在区间$(\mu-3\sigma, \sigma+3\sigma)$外取值的可能性仅有$1-0.9973=0.0027=0.27\%$，见图2-5。正态随机变量所具有的这一重要性质通常称为3σ原则。3σ原则在产品质量分析中有很重要的应用。

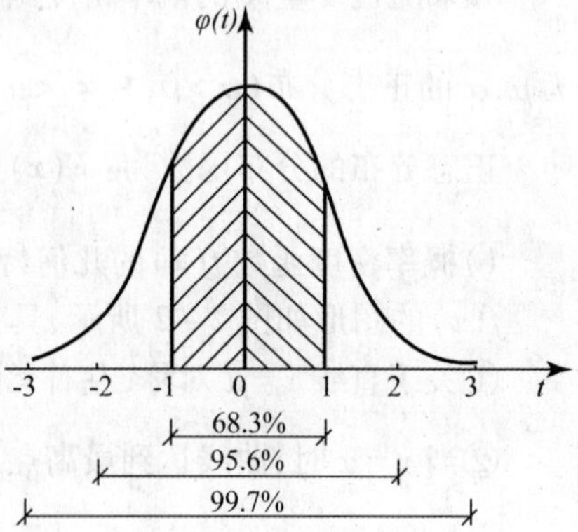

4）正态分布的临界值

正态分布的临界值是针对标准正态分布而言的，分单侧临界值和双侧临界值两种。

图2-5 3σ原则

单侧临界值的定义：设t服从标准正态分布$N(0,1)$，对于给定的$a(0<a<1)$，称满足条件$P(t>\lambda) = a$的值λ为标准正态分布t的单侧临界值。由于λ的值随给定的a值确定，因此，习惯上将λ记为t_a。

双侧临界值的定义：设t服从标准正态分布$N(0,1)$，对于给定的$a(0<a<1)$，称满足条件$P(|t|>\lambda) = a$的值λ为标准正态分布的双侧临界值，习惯上将λ记为$t_{a/2}$。

从图2-6中看出，在临界值$-t_{a/2}$和$t_{a/2}$两边，概率密度曲线函数$\varphi(t)$与t轴所围成的两块阴影部分面积相等，并且都等于$\frac{a}{2}$。

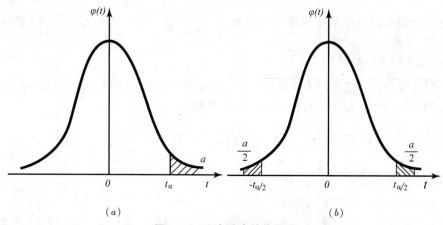

图 2-6 正态分布的临界值
(a)正态分布单侧临界值;(b)正态分布双侧临界值

单侧临界值和双侧临界值可由正态分布表中查得。

三、随机变量的数字特征

利用分布函数或分布密度函数可以完全确定一个随机变量,但在实际问题中求分布函数或分布密度函数不仅十分困难,而且常常没有必要。在随机变量的统计特征中,常用的有表示随机变量平均状况的均值、衡量随机变量取值绝对分散程度的方差(标准差)和相对分散程度的变异系数等。

1. 均值(数学期望)

随机变量的均值就是随机变量所取值的平均值,它描述随机变量的取值中心。但由于随机变量取每一个值有一定的概率,所以随机变量的均值和普通的一组数据的平均值不同。如用同一种量具测量一根冷拉钢筋的长度,共测量 10 次,测量结果如表 2-2 所示。

一根冷拉钢筋长度测量结果　　　　　表 2-2

冷拉钢筋长度(m)	9.97	9.98	10.01	10.02	9.99	9.96
频数	1	1	3	2	2	1
频率	$\frac{1}{10}$	$\frac{1}{10}$	$\frac{3}{10}$	$\frac{2}{10}$	$\frac{2}{10}$	$\frac{1}{10}$

试问这根冷拉钢筋的平均长度是多少?

以 $\bar{x}$ 表示钢筋的平均长度。如按求一组数据的平均值的方法,可得

$$\bar{x} = \frac{1}{10}(9.97 + 9.98 + 10.01 + 10.02 + 9.99 + 9.96) = 5.993\text{m}$$

经过分析,这种计算方法是错误的,因为在 10 次测量中,并不是每个测值的频数或频率都相同。正确的计算方法是:

$$\bar{x} = \frac{1}{10}(1 \times 9.97 + 1 \times 9.98 + 3 \times 10.01 + 2 \times 10.02 + 2 \times 9.99 + 1 \times 9.96) = 9.996\text{m}$$

或表示为:

$$\bar{x} = \left[9.97 \times \frac{1}{10} + 9.98 \times \frac{1}{10} + 10.01 \times \frac{3}{10} + 10.02 \times \frac{2}{10} + 9.99 \times \frac{2}{10} + 9.96 \times \frac{1}{10}\right] = 9.996\text{m}$$

即钢筋的平均长度等于测量结果的各个值与其相应的频率乘积之总和。由于频率值稳定于概率值,所以自然想到,随机变量的均值应是它取的所有可能值与其相应的概率乘积之总和。

(1)离散型随机变量的均值(数学期望)

定义:如果离散型随机变量 X 的概率分布为: $\dfrac{X}{P}\left|\begin{array}{cccc}x_1 & x_2 & \cdots & x_n \\ P_1 & P_2 & \cdots & P_n\end{array}\right.$ 则称 $x_1P_1 + x_2P_2 + \cdots + x_nP_n$ 为 X 的均值,记为 $E(X)$,即: $E(X) = \sum\limits_{i=1}^{n} x_i P_i$。

【例 2-2】有两座砖厂生产同一规格的红砖,每批 1000 块中的不合格品数分别用 X 和 Y 表示,经过长期质量检验,两厂产品的不合格品数的概率分布如下:

砖厂甲: $\dfrac{X}{P}\left|\begin{array}{ccccc}0 & 1 & 2 & 3 & 4 \\ 0.70 & 0.20 & 0.05 & 0.03 & 0.02\end{array}\right.$

砖厂乙: $\dfrac{X}{P}\left|\begin{array}{ccccc}0 & 1 & 2 & 3 & 4 \\ 0.76 & 0.15 & 0.06 & 0.02 & 0.01\end{array}\right.$

试问哪一个砖厂的产品质量比较好?

解:衡量产品质量好坏的指标之一是不合格品数的平均值。两厂生产的红砖的平均不合格品数分别为:

$E(X) = 0 \times 0.70 + 1 \times 0.20 + 2 \times 0.05 + 3 \times 0.03 + 4 \times 0.02 = 0.47$

$E(Y) = 0 \times 0.76 + 1 \times 0.15 + 2 \times 0.06 + 3 \times 0.02 + 4 \times 0.01 = 0.37$

因 $E(X) > E(Y)$,故从均值的意义上说,第二座砖厂的产品质量比较好。

【例 2-3】在规定的统计期内,测得某施工队设计 C30 级的混凝土抗压强度数据表 2-3。

C30 级混凝土抗压强度数据表 表 2-3

X	34.9	36.9	38.9	40.9	42.9	44.9	46.9	48.9
频数	1	3	5	11	6	4	4	1
频率	$\dfrac{1}{35}$	$\dfrac{3}{35}$	$\dfrac{5}{35}$	$\dfrac{11}{35}$	$\dfrac{6}{35}$	$\dfrac{4}{35}$	$\dfrac{4}{35}$	$\dfrac{1}{35}$

试求该队混凝土的平均抗压强度。

解: $E(X) = 34.9 \times \dfrac{1}{35} + 36.9 \times \dfrac{3}{35} + 38.9 \times \dfrac{5}{35} + 40.9 \times \dfrac{11}{35} + 42.9 \times \dfrac{6}{35} + 44.9 \times \dfrac{4}{35} + 46.9 \times \dfrac{4}{35} +$

$48.9 \times \dfrac{1}{35} = 41.8 \text{MPa}$

即该队混凝土平均抗压强度为 41.8MPa。

(2)连续型随机变量的均值(数学期望)

定义:如果连续型随机变量 X 的概率密度函数为 $f(x)$,记 $E(X) = \int_{-\infty}^{+\infty} x f(x) \mathrm{d}x$,则称 $E(X)$ 为 X 的均值。

连续型随机变量的均值所表示的意义,与离散型随机变量的均值的意义完全相同。

(3)均值的性质

1)常数的均值等于常数本身,即如 c 为常数,则 $E(c) = c$;

2)如果 X 是随机变量,c 为常数,则有 $E(cX) = cE(X)$;

3)如果 X 是随机变量,a、c 为常数,则有 $E(cX + a) = cE(X) + a$;

4)对于两个任意的随机变量 X 和 Y,有 $E(X \pm Y) = E(X) \pm E(Y)$。

2. 方差

随机变量的均值只反映随机变量取值的平均位置,它不能反映随机变量取值的分散程度大小,因而只用均值描述随机变量的分布规律还是不够的。

【例 2-4】有一、二两个施工队生产同一设计 C30 级的混凝土,以 x 和 y 分别表示第一、二队的混凝土抗压强度。由以往的资料知,两队混凝土抗压强度的概率分布如下(单位:MPa):

一队：$\dfrac{X}{P}\begin{array}{|ccccc} 37.9 & 38.9 & 39.9 & 40.9 & 41.9 \\ 0.1 & 0.2 & 0.4 & 0.2 & 0.1 \end{array}$　　二队：$\dfrac{X}{P}\begin{array}{|ccccc} 37.9 & 38.9 & 39.9 & 40.9 & 41.9 \\ 0.2 & 0.2 & 0.2 & 0.2 & 0.2 \end{array}$

从均值的角度分析,两队混凝土抗压强度的平均值分别为:

$E(X) = 37.9 \times 0.1 + 38.9 \times 0.2 + 39.9 \times 0.4 + 40.9 \times 0.2 + 41.9 \times 0.1 = 39.9 \text{MPa}$

$E(Y) = 37.9 \times 0.2 + 38.9 \times 0.2 + 39.9 \times 0.2 + 40.9 \times 0.2 + 41.9 \times 0.2 = 39.9 \text{MPa}$

即两队混凝土抗压强度平均值相同。但从每队生产的混凝土抗压强度概率分布观察,一队的混凝土抗压强度比较集中在平均值39.9MPa附近,而二队的抗压强度相对于它的平均值39.9MPa,分散程度比较大。由此可以认为,一队的混凝土质量比二队好。这里我们对两队混凝土质量作出判断的根据不是平均值大小(实际上平均值相同),而是各队混凝土抗压强度值与其平均值的偏离程度。用一个什么样的量去衡量这个偏离程度呢?方差就是用来描述这种偏离程度的数量指标。

(1)离散型随机变量的方差

定义:如果离散型随机变量X的概率分布为$\dfrac{X}{P}\begin{array}{|cccc} x_1 & x_2 & \cdots & x_n \\ P_1 & P_2 & \cdots & P_n \end{array}$,则称$[x_1 - E(X)]^2 P_1 + [x_2 - E(X)]^2 P_2 + \cdots + [x_n - E(X)]^2 P_n$为$X$的方差,记为$D(X)$,即:$D(x) = \sum_{i=1}^{n}[x_i - E(X)]^2 P_i$。$D(X)$的算术平方根称为随机变量的标准差,常用$\sigma$表示,即:$\sigma = \sqrt{D[X]}$。

标准差σ的意义与$D(X)$相同,并且与随机变量X有相同的量纲,所以实际应用中,经常用σ值的大小衡量随机变量取值的分散程度。

【例2-5】计算例2-4中两施工队生产的混凝土抗压强度的方差。

解:由于两队混凝土抗压强度平均值都是39.9,故有

$D(X) = (37.9 - 39.9)^2 \times 0.1 + (38.9 - 39.9)^2 \times 0.2 + (39.9 - 39.9)^2 \times 0.4 + (40.9 - 39.9)^2 \times 0.2 + (41.9 - 39.9)^2 \times 0.1 = 1.2$

$D(Y) = (37.9 - 39.9)^2 \times 0.2 + (38.9 - 39.9)^2 \times 0.2 + (39.9 - 39.9)^2 \times 0.2 + (40.9 - 39.9)^2 \times 0.2 + (41.9 - 39.9)^2 \times 0.2 = 2.0$

第二队的方差比第一队大,所以第一队生产的混凝土质量比较好。

(2)连续型随机变量的方差

定义:如果连续型随机变量X的概率密度函数为$f(x)$,记$D(X) = \int_{-\infty}^{+\infty}[x - E(x)]^2 f(x)\mathrm{d}x$,则称$D(X)$为$X$的方差。记$\sigma = \sqrt{D(X)}$,$\sigma$称为$X$的标准差。

根据随机变量均值和方差的定义,可将离散型随机变量与连续型随机变量的方差计算公式统一为:$D(X) = E[X - E(X)]^2$。

随机变量的均值和方差之间有以下关系:$D(X) = E(X^2) - [E(X)]^2$。

(3)方差的性质

1)常数的方差为零,即如c是常数,则$D(c) = 0$;

2)如果X是随机变量,c为常数,则有$D(cX) = c^2 D(X)$;

3)如果X是随机变量,a、c是常数,则有$D(cX + a) = c^2 D(X)$;

4)对于两个相互独立的随机变量X和Y,有$D(X \pm Y) = D(X) + D(Y)$。

3. 变异系数

方差或标准差是衡量随机变量取值分散程度的一个绝对指标。一般说来,当随机变量取的值比较多时,产生的绝对误差比较大,当随机变量取的值比较少时,产生的绝对误差比较小。因此在有些场合,很难以方差或标准差的值的大小衡量随机变量取值的分散程度。例如有两批混凝土,第一批混凝土的平均抗压强度为52.5MPa,标准差为2MPa,第二批混凝土的平均抗压强度为32.5MPa,标准差也是2MPa。这时,如用标准差值来衡量两批混凝土抗压强度值的分散程度是有

困难的,因为它们的标准差值相同。为此引入一个衡量随机变量取值分散程度的相对指标即变异系数。

定义:如果随机变量 X 的均值为 $E(X)$,标准差为 $\sigma = \sqrt{D(X)}$,则 $C_v = \dfrac{\sigma}{E(X)} = \dfrac{\sqrt{D(X)}}{E(X)}$ 称为 X 的变异系数。

利用变异系数可以对上述两批混凝土抗压强度的分散程度作出判断。

第一批混凝土抗压强度的变异系数为:$C_v = \dfrac{2}{52.5} = 3.8\%$

第二批混凝土抗压强度的变异系数为:$C_v = \dfrac{2}{32.5} = 6.2\%$

由此知,第一批混凝土的质量比较好。

4. 标准差和变异系数在混凝土生产管理中的应用

在混凝土生产中,生产管理水平的评定以混凝土抗压强度的标准差 σ 或变异系数 C_v 值的大小作为依据,现分两种情况简述如下:

(1)相同强度等级、相同配合比的混凝土,标准差 σ 或变异系数 C_v 的大小,很好地反映了生产管理水平的高低。σ 或 C_v 值愈小,生产管理水平愈好;σ 或 C_v 值愈大,生产管理水平愈差。

(2)不同强度等级的混凝土,因标准差 σ 或变异系数 C_v 与混凝土抗压强度的平均值 μ 的关系比较复杂,国内外有关专家经多年的研究分析,至今认识还不统一。有些国家如美国、日本等认为,在常用的混凝土强度范围内,σ 保持不变,C_v 随 μ 的增大而下降,所以采用以 σ 的分级来划分混凝土生产管理水平的好坏。

近年来,国内外有关专家更倾向于 σ 和 C_v 都随 μ 而变化,并且认为当混凝土平均强度 μ 较低时,σ 随 μ 增大,而 C_v 变化不大;当 μ 较高,约在 20~30MPa 以上时,C_v 随 μ 增大而减小,σ 变化不大。我国有些部门制定的混凝土生产管理水平的标准以不同的形式反映了上述这种观点,如:混凝土配制强度应按下式计算:

$$f_{cu,0} \geqslant f_{cu,k} + 1.645\sigma$$

式中 $f_{cu,0}$——混凝土配制强度(MPa);

$f_{cu,k}$——混凝土立方体抗压强度标准值(MPa);

σ——混凝土强度标准差。

混凝土强度标准差宜根据同类混凝土统计资料计算确定,并应符合下列规定:

(1)计算值、强度试件组数不应少于 25 组。

(2)当混凝土强度等级为 C20 和 C25 级,其等级强度标准差计算值小于 2.5MPa 时,计算配制强度用的标准差应取不小于 2.5MPa;当混凝土强度等级等于或大于 C30 级,其混凝土等级强度标准差计算值小于 3.0MPa 时,计算配制强度用的标准差应取不小于 3.0MPa。

(3)当无统计资料计算混凝土强度标准差时,其值应按现行国家标准《混凝土结构工程施工质量验收规范》(GB 50204)的规定取用。

四、抽样技术

1. 全数检查和抽样检查

检查批量生产的产品质量一般有 2 种方法:全数检查和抽样检查。全数检查是对全部产品逐个进行检查,以区分合格品和不合格品;检查的对象是每个单位产品,因此也称为全检或 100% 检查,目的是剔除不合格品,进行返修或报废。抽样检查则是利用所抽取的样本对产品或过程进行的检查,其对象可以是静态的批或检查批(有一定的产品范围)或动态的过程(没有一定的产品范围),因此也简称为抽检。大多数情况是对批进行抽检,即从批中抽取规定数量的单位产品作为样品,对由样品构成的样本进行检查,再根据所得到的质量数据和预先规定的判定规则来判断该批是否合格,其一般程序如图2-7所示。

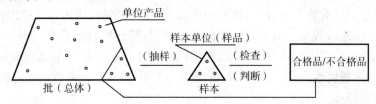

图2-7 抽样程序

由图可见,抽样检查是为了对批作出判断并作出相应的处理,例如:在验收检查时,对判为合格的批予以接收,对判为不合格的批则拒收。由于合格批允许含有不超过规定限量的不合格品,因此在顾客或需方(即第二方)接收的合格批中,可能含有少量不合格品;而被拒收的不合格批,只是不合格品超过限量,其中大部分可能仍然是合格品。被拒收的批一般要退返给供方(即第一方),经100%检查并剔除其中的不合格品(报废、返修)或用合格品替换后再提供检查。

鉴于批内单位产品质量的波动性和样本抽取的偶然性,抽检的错判往往是不可避免的,即有可能把合格批错判为不合格,也可能把不合格批错判为合格。因此供方和顾客都要承担风险,这是抽样检查的一个缺点。

但是当检查带有破坏性时,显然不能进行全检;同时,当单位产品检查费用很高或批量很大时,以抽检代替全检就能取得显著的经济效益。这是因为抽检仅需从批中抽取少量产品,只要合理设计抽样方案,就可以将抽样检查固有的错判风险控制在可接受的范围内。而且在批量很大的情况下,如果全检的人员长时操作,就难免会感到疲劳,从而增加差错出现的机会。

对于不带破坏性的检查,且批量不大,或者批量产品十分重要,或者检查是在低成本、高效率(例如全自动的在线检查)情况下进行时,当然可以采用全数检查的方法。

现代抽样检查方法建立在概率统计基础上,主要以假设检验为其理论依据。抽样检查所研究的问题包括3个方面:

(1)如何从批中抽取样品,即采用什么样的抽样方式;

(2)从批中抽取多少个单位产品,即取多大规模的样本大小;

(3)如何根据样本的质量数据来判断批是否合格,即怎样预先确定判定规则。

实际上,样本大小和判定规则即构成了抽样方案。因此,抽样检查可以归纳为:采用什么样的抽样方式才能保证抽样的代表性,如何设计抽样方案才是合理的。抽样方案的设计以简单随机抽样为前提,为适应于不同的使用目的,抽样方案的类型可以是多种多样的。至于样品的检查方法、检测数据的处理等,则不属于其研究的对象。

2.抽样检查的基本概念

(1)单位产品、批和样本:为实施抽样检查的需要而划分的基本单位,称为单位产品,它们是构成总体的基本单位。为实施抽样检查而汇集起来的单位产品,称为检查批或批,它是抽样检查和判定的对象。一个批通常是由在基本稳定的生产条件下,在同一生产周期内生产出来的同形式、同等级、同尺寸以及同成分的单位产品构成的。即一个批应由基本相同的制造条件、一定时间内制造出来的同种单位产品构成。该批包含的单位产品数目,称为批量,通常用符号N表示。从批中抽取用于检查的单位产品,称为样本单位,有时也称为样品。样本单位的全体,称为样本。样本中所包含的样本单位数目,称为样本大小或样本量,通常用符号n表示。

(2)单位产品的质量及其特性:单位产品的质量是以其质量性质特性表示的,简单产品可能只有一项特性,大多数产品具有多项特性。质量特性可分为计量值和计数值两类,计数值又可分为计点值和计件值。计量值在数轴上是连续分布的,用连续的量值来表示产品的质量特性。当单位产品的质量特性是用某类缺陷的个数度量时,即称为计点的表示方法。某些质量特性不能定量地度量,而只能简单地分成合格和不合格,或者分成若干等级,这时就称为计件的表示方法。

在产品的技术标准或技术合同中,通常都要规定质量特性的判定标准。对于用计量值表示的质量特性,可以用明确的量值作为判定标准,例如:规定上限或下限,也可以同时规定上、下限。对于用计点值表示的质量特性,也可以对缺陷数规定一个界限。至于缺陷本身的判定,除了靠经验外,也可以规定判定标准。

在产品质量检验中,通常先按技术标准对有关项目分别进行检查,然后对各项质量特性按标准分别进行判定,最后再对单位产品的质量作出判定。这里涉及"不合格"和"不合格品"两个概念;前者是对质量特性的判定,后者是对单位产品的判定。单位产品的质量特性不符合规定,即为不合格。按质量特性表示单位产品质量的重要性,或者按质量特性不符合的严重程度,不合格可分为 A 类、B 类、C 类。A 类不合格最为严重,B 类不合格次之,C 类不合格最为轻微。在判定质量特性的基础上,对单位产品的质量进行判定。只有全部质量特性符合规定的单位产品才是合格品;有一个或一个以上不合格的单位产品,即为不合格品。不合格品也可分为 A 类、B 类、C 类。A 类不合格品最为严重,B 类不合格品次之,C 类不合格品最为轻微,不合格品的类别是按单位产品中包含的不合格的类别来划分的。

确定单位产品是合格品还是不合格品的检查,称为"计件检查"。只计算不合格数,不必确定单位产品是否是合格品的检查,称为"计点检查"。两者统称为"计数检查"。用计量值表示的质量特性,在不符合规定时也判为不合格,因此也可用计数检查的方法。"计量检查"是对质量特性的计量值进行检查和统计,故对所涉及的质量特性应予分别检查和统计。

(3)批的质量:抽样检查的目的是判定批的质量,而批的质量是根据其所含的单位产品的质量统计出来的。根据不同的统计方法,批的产量可以用不同的方式表示。

1)对于计件检查,可以用每百单位产品不合格品数表示 P,即

$$P = \frac{\text{批中不合格品总数} D}{\text{批量} N} \times 100$$

在进行概率计算时,可用不合格品率 $P\%$ 或其小数形式表示,例如:不合格品率为 5%,或 0.05。对不同的试验组或不同类型的不合格品应予分别统计。由于不合格品是不能重复计算的,即一个单位产品只可能被一次判为不合格品,因此每百单位产品不合格品数必然不会大于 100。

2)对于计点检查,可以用每百单位产品不合格数 P 表示,即

$$P = \frac{\text{批中不合格总数} D}{\text{批量} N} \times 100$$

在进行概率计算时,可用单位产品平均不合格率 $P\%$ 或其小数形式表示。对不同试验组或不同类型的不合格,应予分别统计。对于具有多项质量特性的产品来说,一个单位产品可能会有一个以上的不合格,即批中不合格总数有时会超过批量,因此每百单位产品不合格数有时会超过 100。

3)对于计量检查,可以用批的平均值 μ 和标准(偏)差 σ 表示,即

$$\mu = \frac{\sum_{i=1}^{N} x_i}{N}$$

$$\sigma = \sqrt{\frac{\sum_{i=1}^{N} (x_i - \mu)^2}{N - 1}}$$

式中 x——某一个质量特性的数值;

x_i——第 i 个单位产品该质量特性的数值。

对每个质量特性值应予分别计算。

(4)样本的质量:样本的质量是根据各样本单位的质量统计出来的,而样本单位是从批中抽取的用于检查的单位产品,因此表示和判定样本的质量的方法,与单位产品是相似的。

1)对于计件检查,当样本大小 n 一定时,可用样本的不合格品数即样本中所含的不合格品数 d 表示。对不同类的不合格品应予分别计算。

2)对于计点检查,当样本大小 n 一定时,可用样本的不合格数即样本中所含的不合格数 d 表示。对不同类的不合格应予分别计算。

3)对于计量检查,则可以用样本的平均值 $\bar{x}$ 和标准(偏)差 s 表示,即

$$\bar{x} = \frac{\sum_{i=1}^{n} x_i}{n}$$

$$s = \sqrt{\frac{\sum_{i=1}^{n}(x_i - \bar{x})^2}{n-1}}$$

对每个质量特性值应予分别计算。

3. 抽样方法简介

从检查批中抽取样本的方法称为抽样方法。抽样方法的正确性是指抽样的代表性和随机性,代表性反映样本与批质量的接近程度,而随机性反映检查批中单位产品被抽样本纯属偶然,即由随机因素所决定。在对总体质量状况一无所知的情况下,显然不能以主观的限制条件去提高抽样的代表性,抽样应当是完全随机的,这时采用简单随机抽样最为合理。在对总体质量构成有所了解的情况下,可以采用分层随机或系统随机抽样来提高抽样的代表性。在采用简单随机抽样有困难的情况下,可以采用代表性和随机性较差的分段随机抽样或整群随机抽样。这些抽样方法除简单随机抽样外,都是带有主观限制条件的随机抽样法。通常只要不是有意识地抽取质量好或坏的产品,尽量从批的各部分抽样,都可以近似地认为是随机抽样。

(1)简单随机抽样

根据《随机数的产生及其在产品质量抽样检验中的应用程序》GB/T 10111—2008 规定,简单随机抽样是指从总体中抽取几个抽样单元构成样本,使几个抽样单元所有的可能组合都有相等的被抽到概率。显然,采用简单随机抽样法时,批中的每一个单位产品被抽入样本的机会均等,它是完全不带主观限制条件的随机抽样法。操作时可将批内的每一个单位产品按 1 到 N 的顺序编号,根据获得的随机数抽取相应编号的单位产品,随机数可按国家标准 GB/T 10111 用掷骰子的方法,或者扑克牌法、查随机数表等方法获得。

(2)分层随机抽样

如果一个批是由质量明显差异的几个部分所组成,则可将其分为若干层,使层内的质量较为均匀,而层间的差异较为明显。从各层中按一定的比例随机抽样,即称为分层按比例抽样。在正确分层的前提下,分层抽样的代表性比简单随机抽样好;但是,如果对批质量的分布不了解或者分层不正确,则分层抽样的效果可能会适得其反。

(3)系统随机抽样

如果一个批的产品可按一定的顺序排列,并可将其分为数量相当的 n 个部分,此时,从每个部分按简单随机抽样方法确定的相同位置,各抽取一个单位产品构成一个样本,这种抽样方法即称为系统随机抽样。它的代表性在一般情况下比简单随机抽样要好些;但在产品质量波动周期与抽

样间隔正好相当时,抽到的样本单位可能都是质量好的或都是质量差的产品,显然此时代表性较差。

(4) 分段随机抽样

如果先将一定数量的单位产品包装在一起,再将若干个包装单位(例如若干箱)组成批时,为了便于抽样,此时可采用分段随机抽样的方法:第一段抽样以箱作为基本单元,先随机抽出 k 箱;第二段再从抽到的 k 个箱中分别抽取 m 个产品,集中在一起构成一个样本,k 与 m 的大小必须满足 $k \times m = n$。分段随机抽样的代表性和随机性,都比简单随机抽样要差些。

(5) 整群随机抽样

如果在分段随机抽样的第一段,将抽到的 k 组产品中的所有产品都作为样本单位,此时即称为整群随机抽样。实际上,它可以看作是分段随机抽样的特殊情况,显然这种抽样的随机性和代表性都是较差的。

五、总体均值和方差的估计

在产品质量控制和材料试验研究中,无论遇到的研究总体的分布类型已知或者未知,都可以通过从总体中随机抽样,用样本对总体中的未知参数如均值、方差进行估计。

(1) 用样本平均值 $\bar{x}$、样本方差 s^2 估计总体的均值和方差

设 $x_1, x_2 \cdots \cdots x_n$ 是从总体 x 中抽取的样本,由于样本平均值 $\bar{x}$ 和样本方差 s^2 分别描述总体取值的平均状态和取值的分散程度,所以,以 $\bar{x}$ 和 s^2 作为总体均值 μ 和方差 σ 的估计,即 $\mu \approx \bar{x} = \frac{1}{n}\sum_{i=1}^{n} x_i, \sigma^2 \approx s^2 = \frac{1}{n-1}\sum_{i=1}^{n}(x_i - \bar{x})^2$。

这里,μ 和 σ^2 是指正态总体的均值和方差。由于样本的随机性,抽样前 $\bar{x}$ 和 s^2 的值是不确定的,它们是随机变量,一般将它们分别称为总体均值 μ 和方差 σ^2 的估计量。抽样后的样本是一组确定的数值,这时 $\bar{x}$ 和 s^2 也是两个确定的数值,分别称它们为总体均值 μ 和方差 σ^2 的估计值。

样本方差 s^2 还可以写成下面的形式:$s^2 = \frac{1}{n-1}\left[\sum_{i=1}^{n} x_i^2 - \frac{1}{n}\left(\sum_{i=1}^{n} x_i\right)^2\right]$

样本方差 s^2 的算术根 s,即:$s = \sqrt{\frac{1}{N-1}\sum_{i=1}^{N}(x_i - \bar{x})^2}$ 称为样本标准差。用样本标准差 s 对总体的标准差 σ 进行估计时,分以下两种情况:

当样本容量 $n > 10$ 时,直接以 s 作为 σ 的估计,即:$\sigma \approx s = \sqrt{\frac{1}{N-1}\sum_{i=1}^{N}(x_i - \bar{x})^2}$

当样本容量 $n \leq 10$ 时,以 s 的修正值作为 σ 的估计,即 $\sigma \approx \frac{s}{C_2^*}$,其中:

$$C_2^* = \frac{\sqrt{2}\,\Gamma\left(\frac{n}{2}\right)}{\sqrt{n-1}\,\Gamma\left(\frac{n-1}{2}\right)}$$

C_2^* 的值已制成表,如表 2-4 所示。式中 $\Gamma(e)$ 为伽玛函数。

C_2^* 取值表　　　　　　　　　　　　　表2-4

样本容量 n	C_2^*	$1/C_2^*$	样本容量 n	C_2^*	$1/C_2^*$
2	0.7979	1.253	7	0.9594	1.042
3	0.8862	1.128	8	0.9650	1.036
4	0.9213	1.085	9	0.9693	1.032
5	0.9400	1.064	10	0.9727	1.028
6	0.9515	1.051			

【例2-6】从一批混凝土中抽取10组试件,测得28d抗压强度如下(单位MPa):25.0、27.0、29.0、31.0、33.0、35.0、37.0、39.0、41.0、43.0,试估计这批混凝土的28d抗压强度平均值μ、方差和标准差σ。

解:$\mu = \frac{1}{10}(25.0+27.0+29.0+31.0+33.0+35.0+37.0+39.0+41.0+43.0) = 34.0\text{MPa}$

$$\sigma \approx \frac{s}{c_2^*} = \frac{6.056}{0.9727} = 6.226\text{MPa}$$

$$\sigma^2 \approx s^2 = \frac{1}{10-1}[(25.0-34.0)^2 + (27.0-34.0)^2 + \cdots + (43.0-34.0)^2]$$

$$= \frac{1}{9} \times 330 = 36.67$$

或

$$s^2 = \frac{1}{10-1}[(25.0^2 + \cdots + 34.0^2) - \frac{1}{10-1}(25.0 + 27.0 + \cdots + 43.0)^2]$$

$$= \frac{1}{9}(11890 - \frac{1}{10} \times 340^2) = \frac{1}{9} \times 330 = 36.67$$

$$s = \sqrt{36.67} \approx 6.056\text{MPa}$$

因$n=10$,查表得$C_2^* = 0.9727$,故$\sigma \approx \frac{s}{C_2^*} = \frac{6.056}{0.9727} = 6.226\text{MPa}$

(2)样本平均值$\bar{x}$和样本方差s^2的性质

如果总体X的某个参数的估计量,虽因样本的随机性而取值不定,但若它取这些不同值的平均值即均值,恰好等于该参数的真值时,称这个估计量为总体参数的无偏估计量。样本平均值$\bar{x}$是总体X的均值μ的无偏估计量,样本方差s^2是总体方差σ^2的无偏估计量。

思 考 题

1. 标准正态分布有哪些特点?
2. 随机变量的均值包括哪些内容?
3. 变异系数与方差的区别和联系?
4. 全数检查和抽样检查各自有哪些优缺点?
5. 如何用样本平均值$\bar{x}$、样本方差s^2估计总体的均值和方差?

第三节　误差分析与数据处理

一、基本概念

在科学试验中,当我们要测试一个现象中的某一性质,或对现象某一性质作一系列测量时,一方面,必须对所测对象进行分析研究,选择适当的测试方法,估计所测结果的可靠程度,并对所测数据给予合理的解释;另一方面,还必须将所得数据进行归纳整理,以一定的方式表示出各数值之间的相互关系。前者需要误差理论方面的基础知识,后者需要数据处理的基本技术。关于误差理论、概率论和数理统计这些原理本身的讨论以及公式的推导,在有关专著中都有详细叙述,本节的目的在于如何运用这些原理解决测试的一些具体问题,至于原理本身,必要时仅作简要介绍。

1. 误差的种类

我们知道,任何一种测试工作都必须在一定的环境下,通过测试工作者用一定的测试仪表或工具来进行。但是,无论测试仪表多么精密、测试方法多么完善,测试者多么细心,所测得的结果都不可避免要产生误差,即误差的存在是绝对的,不能也不可能完全消除它。随着科学水平、测试技术水平和测试技术的不断提高和发展,人们只能使测量值逐步逼近客观存在的真值。

根据误差产生的原因,可将误差分为下述三类:即系统误差、偶然误差和过失误差。

(1) 过失误差。这是一种显然不符合实际的误差,完全是由于测试者的粗心大意、操作错误、记录错误所致。此种误差无规律可循,只有通过认真细致的操作去力求避免,或对同一物理量重复多次的测量,在整理数据时经过分析予以剔除。

(2) 系统误差。系统误差是指在测试中由于测试系统不完善,如仪表设备校正误差、测试方法不得当、测试环境的变化(如外界温度、压力湿度变化)、以及观测者的习惯性误差。一般来说系统误差的出现往往是有规律的,它可能是符号和数值都不变的一个定值,也可能是一个按某一规律改变其大小和符号的变值,它不能依靠增加量测次数的方法使之减小或消除。通过实验前对仪表的校验调整,实验环境的改善和测试人员技术水平的提高以及实验数据的修正,可以减少甚至消除系统误差。

(3) 偶然误差。当消除引起系统误差的一些因素后,在测试中仍会有许多随机因素,使测试数据波动不稳,这种误差即为偶然误差。这些随机因素包括了测试环境和条件不稳定(温度、湿度、气压、电压的少量波动)、仪表设备不稳定、测试数据的不准确等。偶然误差表面看来无规律可循,有随机性质,无法防止。但对同一物理量用增加量测次数的方法,可以发现该误差服从统计规律。因此,实际工作中可以根据误差理论,适当增加量测次数减少该误差对测量结果的影响。

偶然误差的大小,决定了量测工作的精确度。因此它是误差理论的研究对象。

2. 精确度与准确度

所谓精确度(也称精密度和精度)是指多次测量时,各次量测数据最接近的程度。准确度则表示所测数值与真值相符合的程度。在一组测量值中,若其准确度越好,则精确度一定也高;但是若精确度很高,则准确度不一定很好。这一点可以用打靶的实例说明:图2-8中A表示精确度准确度都很好。B表示精确度很好,但准确度不高。而C中各点分散,表示准确度与精确度都不好。

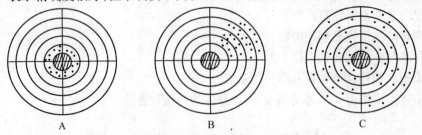

图2-8 精确度与准确度的打靶实例

3. 误差的表示方法

我们说过,由于测试仪器,测试条件和人为因素,严格说来,真值是无法求得的。在实验科学中,每次测试所得的值不可避免的与真值有差异。测量值与真值的差异称为误差。若令其真值

为 x_0,测量值为 x,则误差可用下值表示:

$$\Delta x = x - x_0 \tag{2-1}$$

这里的 Δx 称为绝对误差。在实际工作中,我们常用相对误差 e 来表示测量精度。相对误差 e 可用下式表示(常用百分数表示):

$$e = \frac{\Delta x}{x_0} \times 100\% \tag{2-2}$$

误差 Δx 可用正值也可用负值,但应当认为与 x_0 相比,Δx 是很小的,即 $|\Delta x| << |x_0|$。这样可近似将 x 看成 x_0,因而相对误差可近似的记为:

$$\frac{\Delta x}{x} \times 100\%$$

4. 真值与平均值

所谓真值,是指一个现象中物理量客观存在的真实数值。严格说来,由于各种主客观的原因,真值是无法测得的。在实验科学中,为了使真值这个概念具有实际的含义,通常可以这样来定义实验科学中的真值:在没有过失误差和系统误差的情况下,无限多次的观测值的平均值即为真值。在实际测试中不可能观测无限多次,故用有限测试次数求出的平均值,只能是近似值,我们称之为最佳值或平均值。常用的平均值有算术平均值、均方根平均值、加权平均值、中位值、几何平均值等。

(1)算术平均值

算术平均值是最常用的一种平均值。在一组等精度的量测中,算术平均值是最接近真值的最佳值。

设某一物理量的一组观测值为 x_1、x_2……、x_n,n 表示观测的次数,则其算术平均值为:

$$\bar{x} = \frac{x_1 + x_2 + \cdots\cdots + x_n}{n} = \frac{1}{n} \sum_{i=1}^{n} x_i \tag{2-3}$$

(2)加权平均值

当同一物理量用不同的方法去测定,或由不同的人去测定时,常对可靠的数值予以加权平均,称此平均值为加权平均值。其定义是:

$$\bar{x_k} = \frac{k_1 x_1 + k_2 x_2 + \cdots\cdots + k_n x_n}{k_1 + k_2 + \cdots\cdots + k_n} = \frac{\sum_{i=1}^{n} k_i x_i}{\sum_{i=1}^{n} k_i} \tag{2-4}$$

式中 $k_1, k_2, \cdots\cdots, k_n$ 代表各观测值的对应的权,其权数可依据经验多少、技术高低而给定。

(3)中位值

中位值是将同一状态物理量的一组测试数据按一定的大小次序排列起来的中间值。若遇测试次数为偶数,则取中间两个值的平均值。该法的最大优点是简单。与两端变化无关。只有观测值的分布呈正态分布时,它才能代表一组观测值的近似真值。

上述各种平均值的计算方法,其目的都是企图在一组测试数据中找出最接近真值的那个值,即最佳值。平均值的选择主要取决于一组观测数据的分布类型。以后我们讨论的重点都是指正态分布类型的,且平均值将以算术平均值为主。

二、数据修约

1. 有效数字

(1)(末)的概念

所谓(末),指的是任何一个数最末一位数字所对应的单位量值。例如:用分度值为 1mm 的钢卷尺测量某物体的长度,测量结果为 19.8mm,最末一位的量值 0.8mm,即为最末一位数字 8 与其所对应的单位量值 0.1mm 的乘积,故 19.8mm 的(末)为 0.1mm。

(2)有效数字的概念

人们在日常生活中接触到的数,有准确数和近似数。对于任何数,包括无限不循环小数和循环小数,截取一定位数后所得的即是近似数。同样,根据误差公理,测量总是存在误差,测量结果只能是一个接近于真值的估计值,其数字也是近似数。

例如:将无限不循环小数 $\pi = 3.14159\cdots\cdots$ 截取到百分位,可得到近似数 3.14,则此时引起的误差绝对值为

$$|3.14 - 3.14159\cdots\cdots| = 0.00159\cdots\cdots$$

近似数 3.14 的(末)为 0.01,因此 0.5(末) = 0.5 × 0.01 = 0.005,而 $0.00159\cdots\cdots < 0.005$,故近似数 3.14 的误差绝对值小于 0.5(末)。

由此可以得出关于近似数有效数字的概念:当该近似数的绝对误差的模小于 0.5(末)时,从左边的第一个非零数字算起,直到最末一位数字为止的所有数字。根据这个概念,3.14 有 3 位有效数字。

测量结果的数字,其有效位数代表结果的不确定度。例如:某长度测量值为 19.8mm,有效位数为 3 位;若是 19.80mm,有效位数为 4 位。它们的绝对误差的模分别小于 0.5(末),即分别小于 0.05mm 和 0.005mm。

显而易见,有效位数不同,它们的测量不确定度也不同,测量结果 19.80mm 比 19.8mm 的不确定度要小。同时,数字右边的"0"不能随意取舍,因为这些"0"都是有效数字。

2. 近似数运算

(1)加、减运算

如果参与运算的数不超过 10 个,运算时以各数中(末)最大的数为准,其余的数均比它多保留一位,多余位数应舍去。计算结果的(末),应与参与运算的数中(末)最大的那个数相同。若计算结果尚需参与下一步运算,则可多保留一位。

例如:$18.3\Omega + 1.4546\Omega + 0.876\Omega$

$18.3\Omega + 1.45\Omega + 0.88\Omega = 20.63\Omega \approx 20.6\Omega$

计算结果为 20.6Ω,若尚需参与下一步运算,则取 20.63Ω。

(2)乘、除(或乘方、开方)运算

在进行数的乘除运算时,以有效数字位数最少的那个数为准,其余的数的有效数字均比它多保留一位。运算结果(积或商)的有效数字位数,应与参与运算的数中有效数字位数最少的那个数相同。若计算结果尚需参与下一步运算,则有效数字可多取一位。

例如:$1.1m \times 0.3268m \times 0.10300m \rightarrow$

$1.1m \times 0.327m \times 0.103m = 0.0370m^3 \approx 0.037m^3$

计算结果为 $0.037m^3$。若需参与下一步运算,则取 $0.0370m^3$。

乘方、开方运算类同。

3. 数据修约

(1)数据修约的基本概念

对某一拟修约数,根据保留数位的要求,将其多余位数的数字进行取舍,按照一定的规则,选取一个其值为修约间隔整数倍的数(称为修约数)来代替拟修约数,这一过程称为数据修约,也称为数的化整或数的凑整。为了简化计算,准确表达测量结果,必须对有关数据进行修约。

修约间隔又称为修约区间或化整间隔,它是确定修约保留位数的一种方式。修约间隔一般以

$k \times 10^n$($k = 1, 2, 5$；n 为正、负整数)的形式表示。人们经常将同一 k 值的修约间隔，简称为"k"间隔。

修约间隔一经确定，修约数只能是修约间隔的整数倍。例如：
1) 指定修约间隔为 0.1，修约数应在 0.1 的整数倍的数中选取；
2) 若修约间隔为 2×10^n，修约数的末位只能是 0,2,4,6,8 等数字；
3) 若修约间隔为 5×10^n，则修约数的末位必然不是"0"，就是"5"。

当对某一拟约数进行修约时，需确定修约数位，其表达形式有以下几种：
1) 指明具体的修约间隔；
2) 将拟修约数修约至某数位的 0.1 或 0.2 或 0.5 个单位；
3) 指明按"k"间隔将拟修约数修约为几位有效数字，或者修约至某数位，有时"1"间隔可不必指明，但"2"间隔或"5"间隔必须指明。

(2) 数据修约规则

我国的国家标准《数值修约规则与极限数值的表示和判定》GB/T 8170—2008，对"1"、"2"、"5"间隔的修约方法分别作了规定，但使用时比较繁琐，对"2"和"5"间隔的修约还需进行计算。下面介绍一种适用于所有修约间隔的修约方法，只需直观判断，简便易行：

1) 如果在为修约间隔整数倍的一系列数中，只有一个数最接近拟修约数，则该数就是修约数。

例如：将 1.150001 按 0.1 修约间隔进行修约。此时，与拟修约数 1.150001 邻近的为修约间隔整数倍的数有 1.1 和 1.2（分别为修约间隔 0.1 的 11 倍和 12 倍），然而只有 1.2 最接近拟修约数，因此 1.2 就是修约数。

又如：要求将 1.015 修约至十分位的 0.2 个单位。此时，修约间隔为 0.02，与拟修约数 1.0151 邻近的为修约间隔整数倍的数有 1.00 和 1.02（分别为修约间隔的 0.02 的 50 倍和 51 倍），然而只有 1.02 最接近拟修约数，因此 1.02 就是修约数。

同理，若要求将 1.2505 按"5"间隔修约至十分位。此时，修约间隔为 0.5。1.2505 只能修约成 1.5 而不能修约成 1.0，因为只有 1.5 最接近拟修约数 1.2505。

2) 如果在为修约间隔整数倍的一系列数中，有连续的两个数同等地接近拟修约数，则这两个数中，只有为修约间隔偶数倍的那个数才是修约数。

例如：要求将 1150 按 100 修约间隔修约。此时，有两个连续的为修约间隔整数倍的数 1.1×10^3 和 1.2×10^3 同等地接近拟修约数 1150，因为 1.1×10^3 是修约间隔 100 的奇数倍(11 倍)，只有 1.2×10^3 是修约间隔 100 的偶数倍(12 倍)，因而 1.2×10^3 是修约数。

又如：要求将 1.500 按 0.2 修约间隔修约。此时，有两个连续的为修约间隔整数倍的数 1.4 和 1.6 同等地接近拟修约数 1.500，因为 1.4 是修约间隔 0.2 的奇数倍(7 倍)，所以不是修约数，而只有 1.6 是修约间隔 0.2 的偶数倍(8 倍)，因而才是修约数。

同理，1.025 按"5"间隔修约到 3 位有效数字时，不能修成 1.05，而应修约成 1.00。因为 1.05 是修约间隔 0.05 的奇数倍(21 倍)，而 1.00 是修约间隔 0.05 的偶数倍(20 倍)。

需要指出的是：数据修约导致的不确定度呈均匀分布，约为修约间隔的 1/2。在进行修约时还应注意：不要多次连续修约（例如：12.251 → 12.25 → 12.2），因为多次连续修约会产生累积不确定度。此外，在有些特别规定的情况下（如考虑安全需要等），最好只按一个方向修约。

三、试验数据的整理

通常，实验的目的都是为寻求两个或更多的物理量之间的关系，实验后，经过整理的数据都要用一定的方式表达出来，以供进一步分析、使用，常用的表达方式有列表表示法、曲线表示法和方程表示法。列表表示法简单易行，我们都较熟悉，在此不再赘述，下面仅介绍实验曲线表示法和方程表示法。

1. 实验曲线表示法

实验曲线表示法简明、直观,可一目了然统观测试结果的全貌。然而,根据实验数据作实验曲线时要注意以下几点:

(1)选择适当坐标(直角坐标、对数坐标、三角坐标),坐标比例尺和分度。习惯上自变量用横坐标表示,因变量用纵坐标表示;

(2)曲线要光滑匀整,曲折少,且尽量与所有测试数据点接近;

(3)实验曲线两侧的实验数据点数要大体相等,分布均匀。

为达到上述要求,用曲线表示法时就必须有足够的实验数据点,否则精度会降低。

2. 经验方程表示法

作出实验曲线后,往往还需要用函数的解析表达形式,以便做有关计算用。所谓经验公式就是根据实验数据而建立起来的物理量间近似的函数表达式。许多人称之为回归方程。

一般来说,将测试数据变成用经验公式的表达方法,其步骤如下:

(1)首先对测试数据进行检查、修正,舍去有明显过失误差的数据,并作出系统误差的修正;

(2)先在普通直角坐标系中描出实验点,并描出光滑的实验曲线,判断是否有直线特征;

(3)若上述曲线无直线特征,则判断曲线类型要改用适当的坐标(如对数坐标……),使曲线呈现直线特征为止;

(4)根据经验和解析几何原理,选择经验公式应有的形式;

(5)确定所选定的经验公式的系数,一般可用选点法、平均值法或最小二乘法;

(6)根据实验数据和所经验方程偏差的均方差值,估计公式的精度。

3. 经验方程系数的确定

(1)选点法

当试验曲线是直线型或用数学变换可变成直线型 $Y = aX + b$ 时常可用选点法求出经验方程。

选点法亦可称之为联立方程法。此法求常数时,可将实验数据范围内的各 X、Y 的对应值,逐次代入初步选定的经验方程形式中,根据待定常数的数量列出足够的方程,从而解出待定常数。由于可任意选择数据点并将其数值代入方程中,因此可以得出不同的方程组,解出的常数数值也就不可能相同。因而用此法求待定常数的有效系数一般选的较少。

【例2-7】有一组实验数据列表如下:

X	1	3	7	10	13	15	18	20
Y	4.0	6.0	9.0	11.5	14	15.5	18	19.5

设选用 $Y = aX + b$ 的方程形式,求此经验方程。

解:设选第二与第七次两组数据代入方程,得:

$3a + b = 6$

$18a + b = 18$ 解此联立方程组得 $a = 0.8$ $b = 3.6$

故此经验方程为:$Y = 0.8X + 3.6$

根据排列组合 $C_8^2 = 28$,我们可得到 28 个不完全相同的解。

(2)平均值法

平均值法的依据原理:在一组测量值中,正负偏差出现的概率相同,在最佳的表示曲线上,所有偏差的代数和将为零。

平均值法求待定常数的步骤为:

1)将所观测的 n 对观测值代入初选的经验方程中,得出 n 个方程;

2)将 n 个方程任意分成 m 组,使每组所含方程数目相近,注意 m 要等于待定常数数目;
3)将各组内的方程相加,合并成一式,共得 m 个方程;
4)解 m 个联立方程,得 m 个常数。

现仍用前例说明如下:该例有 8 对数据,分别代入初选的方程 $Y = aX + b$ 中,得出 8 个方程如下:

①$a + b = 4$ ⑤$13a + b = 14$
②$3a + b = 6$ ⑥$15a + b = 15.5$
③$7a + b = 9$ ⑦$18a + b = 18$
④$10a + b = 11.5$ ⑧$20a + b = 19.5$

由于待定常数只有 a、b 二个,故将 8 个方程分成二组,前四个方程为一组,后四个方程为一组,相加后得另一新的方程组如下:

$$\begin{cases} 21a + 4b = 30.5 \\ 66a + 4b = 67 \end{cases}$$

解此联立方程可得:$a = 0.811$、$b = 3.367$
因而所求之经验方程为:$Y = 0.811X + 3.367$

思 考 题

1. 误差分析的意义何在?
2. 误差有几种类型?总结系统误差与随机误差的异同点?
3. 如何计算某组数据算术平均值、加权平均值和中位值?
4. 数据修约有哪些规则?
5. 如何建立经验方程?

第四节 不确定度原理和应用

一、基本概念

测量不确定度是对测量结果可信性、有效性的怀疑程度或不肯定程度,是定量说明测量结果的质量的一个参数。

通俗来讲,测量不确定度即是对任何测量的结果存有怀疑。你也许认为制作良好的尺子、钟表和温度计应该是可靠的,并应给出正确答案。但对每一次测量,即使是最仔细的,总是会有怀疑的余量。日常中这可以表述为"出入",例如一根绳子可能 2m 长,有 1cm "出入"。

由于对任何测量总是存在怀疑的余量,所以我们需要回答"余量有多大?"和"怀疑有多差?",这样为了给不确定度定量实际上需要有两个数。一个是该余量(或称区间)的宽度;另一个是置信概率,说明我们对"真值"在该余量范围内有多大把握。

例如:
我们可以说绳子的长度测定为 20cm 加或减 1cm,有 95% 置信概率。这结果可以写成:

$$20cm \pm 1cm, 置信概率为 95\%$$

这个表述是说我们对绳子长度在 19cm 到 21cm 之间有 95% 的把握。

二、测量不确定度评定代替误差评定的原因

在用传统方法对测量结果进行误差评定时,大体上遇到两方面的问题:逻辑概念上的问题和

评定方法问题。

测量误差的定义是测量结果减去被测量之真值。原来我们把被测量在观测时所具有的真实大小称为真值,因而这样的真值只是一个理想概念。根据定义,若要得到误差就应该知道真值。但真值是无法得到的,因此严格意义上的误差也是无法得到的,能得到的只是误差的估计值。虽然误差定义中同时还指出:由于真值不能确定,实际上用的是约定真值,但此时还需考虑约定真值本身的误差。对一个被测量进行测量的目的就是想要知道该被测量的值。如果知道了被测量的真值或约定真值,也就没有必要再进行测量了。由于真值无法知道,因此实际上误差的概念只能用于已知约定真值的情况。

从另一个角度来说,误差等于测量结果减真值,即真值等于测量结果减误差,因此一旦知道了测量结果的误差,就可以对测量结果进行修正而得到真值。这是经典的误差评定遇到的第一个问题。

误差评定遇到的第二个问题是评定方法的问题。在进行误差评定时通常要求先找出所有需要考虑的误差来源,然后根据这些误差来源的性质将他们分为随机误差和系统误差两类。随机误差通常用测量结果的标准偏差来表示,将所有的随机误差分量按方和根法进行合成,得到测量结果的总的随机误差。由于在正态分布情况下与标准偏差所对应区的置信概率仅为 68.27%,故通常采用两倍或三倍的标准偏差来表示总的随机误差。而系统误差则通常用该分量最大误差限来表示,同样采用方和根法将各系统误差分量进行合成,得到测量结果的总的系统误差。最后再将总的随机误差和总的系统误差进行合成得到测量结果的总误差。而问题正是来自于随机误差和系统误差的合成方法上。由于随机误差和系统误差是两个性质不同的量,前者用标准偏差表示,而后者则用最大可能误差来表示,在数学上无法解决两者之间的合成方法问题。正因为如此,长期以来,在随机误差和系统误差的合成方法上从来没有统一过。误差评定方法的不一致,使得不同的测量结果之间缺乏可比性,这与当今全球化的市场经济的发展不相适应。社会、经济和科技的发展和进步也要求改变这一状况,用测量不确定度统一评价测量结果就是在这种背景下产生的。

三、测量不确定度的来源

测量中,可能导致不确定度的因素很多。测量中的缺陷可能看得见,也可能看不见。由于实际的测量决不会是在完美条件下进行的,不确定度大体上来源于下述几个方面:

1. 测量仪器(器具):包括偏移,由于老化、磨损或其他多种漂移而变化,读数不清晰,噪声(对于电子仪器),以及其他许多问题。

2. 被测物:被测物可能不稳定(设想在温暖的房间内试图测量立方冰块的尺寸)。

3. 测量程序:测量本身就很难进行。例如要测小的活体动物的重量要得到对象的配合就显得特别难。目测对直是操作者的技巧。观测者的移动会使目标好像在移动。当由指针读取标尺时,这类"视差误差"就会发生。

4. "引入的"不确定度:仪器设备校准的不确定度,成为测量不确定度中的一部分(但不作校准的仪器设备,不确定度会更加糟糕)。

5. 操作者的技巧:有些测量要靠操作者的技巧和判断。在精细调整测量工作方面,或在用眼睛读取精细的分度方面,有的人可能会比别的人做得更好。有的仪器的使用,如秒表,有赖于操作者的反应时间。

6. 采样问题:所作的测量必须完全代表想要评估的工序特点。如果想要知道工作台的温度,就不能用放置在靠近空调出口的墙上的温度计去测量。如果要在生产线上选取样品去测量,就不要总是取星期一早上制造的头 10 件产品。

7. 环境条件:温度、气压、湿度及许多其他环境条件都可能影响测量仪器或被测物。

一般说来,每一个从上述来源和其他来源的不确定度都是贡献给测量总不确定度的单个"输入分量"。

四、测量不确定度的评定

评定测量不确定度的主要步骤如下:

1. 确定被测量和测量方法

由于测量结果的不确定度和测量方法有关,因此在进行不确定度评定之前必须首先确定被测量和测量方法。此处的测量方法包括测量原理、测量仪器、测量条件以及测量和数据处理程序等。

2. 找出所有影响测量不确定度的影响量

原则上,测量不确定度来源既不能遗漏,也不能重复计算。

3. 建立满足测量不确定度评定所需的数学模型

建立满足测量所要求准确度的数学模型,即被测量 Y 和所有各影响量 X_i 之间的函数关系。

$Y = f(X_1, X_2, \cdots X_n)$

影响量 X_i 也称为输入量,被测量 Y 也称为输出量。

从原则上说,数学模型应该就是用以计算测量结果的计算公式。但许多情况下的计算公式都经过了一定程度的近似和简化,因此数学模型和计算公式经常是有差别的。

要求所有对测量不确定度有影响的输入量都应包含在数学模型中。在测量不确定度评定中,所考虑的各不确定度分量,要与数学模型中的输入量一一对应。

4. 确定各输入量的标准不确定度 $u(x_i)$

各输入量最佳估计值的确定大体上分成两类:由实验测量得到和由其他各种信息来源得到。对于这两类输入量,可以采用不同的方法评定其标准不确定度,即标准不确定度的 A 类评定和标准不确定度的 B 类评定。

标准不确定度的 A 类评定是指通过对一组观测列进行统计分析,并以实验标准差表征其标准不确定度的方法;而所有与 A 类评定不同的其他方法均称为 B 类评定,他们是基于经验或其他信息的假定概率分布估算的,可能来自过去的测量经验,来自校准证书,来自生产厂的技术说明书,来自计算,来自出版物的信息,根据常识等等,B 类评定也可用标准差表征标准不确定度。

5. 确定对应于各输入量的标准不确定度分量 $u_i(y)$

若输入量 x_i 的标准不确定度为 $u(x_i)$,则标准不确定度分量 $u_i(y)$ 为:

$$u_i(y) = c_i u(x_i) = \frac{\partial f}{\partial x_i} \cdot u(x_i)$$

式中,c_i 称为灵敏系数。它可由数学模型对输入量 x_i 求偏导数而得到,也可由实验测量得到,在数值上它等于当输入量 x_i 变化一个单位量时,被测量 y 的变化量。

当数学模型为非线性模型时,灵敏系数 c_i 的表示式中将包含输入量。从原则上说,灵敏系数 c_i 表示式中的输入量应取其数学期望值。

6. 对各标准不确定度分量 $u_i(y)$ 进行合成得到合成标准不确定度 $u_c(y)$

根据方差合成定理,当数学模型为线性模型,并且各输入量 x_i 彼此间独立无关时,合成标准不确定度 $u_c(y)$ 为:

$$u_c(y) = \sqrt{\sum_{i=1}^{n} u_i^2(y)}$$

上式常称为不确定度传播定律。

当数学模型为非线性模型时,原则上上式已不再成立,而应考虑其高阶项。若非线性不很明显,则通常高阶项因远小于一阶项而仍可以忽略。但若非线性很明显时,则应考虑高阶项。

当各输入量之间存在相关性时,则要考虑他们之间的协方差,即在合成标准不确定度的表示式中应加入相关项。

7. 确定被测量 Y 可能值分布的包含因子

根据被测量 Y 分布情况的不同,所要求的置信概率 p,以及对测量不确定度评定具体要求的不同,分别采用不同的方式来确定包含因子 k。

8. 确定扩展不确定度 U

扩展不确定度 $U = ku_c$。当包含因子 k 由所规定的置信概率 p 得到时,扩展不确定度用 $U_p = k_p u_c$ 表示。

9. 给出测量不确定度报告

简要给出测量结果及其不确定度,以及如何由合成标准不确定度得到扩展不确定度。报告中应给出尽可能多的信息,避免用户对所给测量不确定度产生错误的理解。

五、举例

1. 金属试件拉伸试验测量不确定度评定

(1)假定金属试件的截面为圆形。拉伸强度以试验过程中最大作用力除以试件截面积表示。忽略温度和应变率对测量结果的影响。试件直径用千分尺测量。

(2)建立数学模型

在温度和其他条件不变时,拉伸强度可以表示为:

$$R_m = \frac{F}{A} = \frac{4F}{\pi d^2}$$

式中　R_m——拉伸强度;
　　　A——试件截面积;
　　　d——试件直径;
　　　F——拉力。

于是:$u_{crel}^2(R_m) = u_{rel}^2(F) + 2^2 u_{rel}^2(d)$

(3)计算测量不确定度分量

1)直径测量引入的不确定度分量,$u_{rel}(d)$

试件标称直径 10mm,直径测量的不确定度由两部分组成,千分尺的示值误差导致的不确定度和操作者所引入的测量不确定度。

①千分尺示值误差导致的不确定度,$u_1(d)$

若千分尺的最大允许误差为 $\pm 3\mu m$,以均匀分布估计,则:

$$u_1(d) = \frac{3}{\sqrt{3}}\mu m = 1.73\mu m$$

②由操作者所引入的测量不确定度,$u_2(d)$

经验估计,该测量误差在 $\pm 10\mu m$ 范围内,以均匀分布估计,则:

$$u_2(d) = \frac{10}{\sqrt{3}}\mu m = 5.77\mu m$$

两者的合成标准不确定度为:

$$u(d) = \sqrt{1.73^2 + 5.77^2}\mu m = 6.02\mu m$$

若以相对不确定度表示,则可写为:

$$u_{\text{rel}}(d) = \frac{6.02 \times 10^{-3}}{10} = 0.06\%$$

2）拉力 F 的测量不确定度，$u_{\text{rel}}(F)$

拉力 F 的测量不确定度来源于仪器校准的不确定度，仪器的测量不确定度和读数不确定度 3 个方面。

①仪器校准的不确定度，$u_{1\text{rel}}(F)$

若仪器校准的不确定度为 $U_{95} = 0.2\%$，于是标准不确定度为：

$$u_{1\text{rel}}(F) = \frac{0.2\%}{2} = 0.1\%$$

②仪器的测量不确定度，$u_{2\text{rel}}(F)$

若仪器的测量不确定度为 $U_{95} = 1.0\%$，于是标准不确定度为：

$$u_{2\text{rel}}(F) = \frac{1.0\%}{2} = 0.5\%$$

③读数不确定度，$u_{3\text{rel}}(F)$

以满刻度为 200kN，分度值为 0.5kN 的指针式仪表为例，若可以估读到五分之一分度，即 0.1kN，依相对值估计即为 0.05%。

由于试件不一定在满刻度处断裂，并且在选择仪器的测量范围时通常使断裂时指针的位置不小于满刻度的五分之一。假设测量时断裂即发生在该处，则 0.1kN 即相当于 0.25%。假定其为均匀分布，故标准不确定度为：

$$u_{3\text{rel}}(F) = \frac{0.25\%}{\sqrt{3}} = \frac{0.25\%}{1.732} = 0.144\%$$

于是拉力测量的不确定度为：

$$\begin{aligned}u_{\text{rel}}(F) &= \sqrt{u_{1\text{rel}}^2(F) + u_{2\text{rel}}^2(F) + u_{3\text{rel}}^2(F)} \\ &= \sqrt{(0.1\%)^2 + (0.5\%)^2 + (0.144\%)^2} \\ &= 0.53\%\end{aligned}$$

3）不确定度分量计算列表如表 2-5 所示：

不确定度分量计算列表 表 2-5

序号	来源	误差限	分布	$u(x)(\mu m)$	$u_{\text{rel}}(x)(\%)$	c_i	$u_{i\text{ rel}}(y)(\%)$
1	直径 d 测量 示值误差 读数误差	 3μm 10μm	 均匀 均匀	6.02 1.73 5.77	0.06	2	0.12
2	拉力 F 测量 仪器校准 仪器测量 读数	 0.2% 1.0% 0.25%	 正态 正态 均匀		0.53 0.1 0.50 0.14	1	0.53

（4）合成标准不确定度，$u_{c\text{ rel}}$

$$\begin{aligned}u_{c\text{ rel}} &= \sqrt{u_{\text{rel}}^2(F) + 2^2 u_{\text{rel}}^2(d)} \\ &= \sqrt{(0.53\%)^2 + (0.12\%)^2} \\ &= 0.543\%\end{aligned}$$

（5）测量结果

$$R_{\mathrm{m}} = \frac{4F}{\pi d^2} = \frac{4 \times 40 \times 10^3}{\pi \times 10^2} = 509.3 \mathrm{N/mm^2}$$

于是合成标准不确定度 u_c 为:

$$u_c = R_{\mathrm{m}} u_{\mathrm{crel}} = 509.3 \mathrm{N/mm^2} \times 0.543\% = 2.8 \mathrm{N/mm^2}$$

(6) 扩展不确定度, U

取包含因子 $k=2$, 于是

$$u = 2u_c = 5.6 \mathrm{N/mm^2}$$

(7) 测量不确定度报告

拉伸强度 $R_{\mathrm{m}} = (509.3 \pm 5.6) \mathrm{N/mm^2}$。其中扩展不确定度 $u = 5.6 \mathrm{N/mm^2}$ 是由标准不确定度 $u_c = 2.8 \mathrm{N/mm^2}$ 乘以包含因子 $k=2$ 得到。

2. 水泥抗压强度测量不确定度评定

(1) 测定方法

试验按《水泥胶砂强度检验方法》GB/T 17671—1999 的要求进行,养护龄期 28d, 共做了 10 组强度试验,数据如下:

水泥抗压强度试验数据　　　　表 2-6

强度\组数	28d 抗压强度 (MPa)						平均值
	1	2	3	4	5	6	
第一组	51.5	53.6	51.3	51.2	52.2	52.1	52.0
第二组	52.0	51.4	52.0	50.5	53.5	55.3	52.5
第三组	53.1	51.2	51.8	52.0	49.8	51.6	51.6
第四组	53.7	50.8	51.5	52.6	50.9	51.5	51.8
第五组	53.2	54.8	51.9	51.7	52.2	51.5	52.6
第六组	51.5	51.7	53.2	50.6	51.3	50.6	51.5
第七组	52.0	52.1	51.8	51.5	51.6	53.0	52.0
第八组	51.8	51.8	52.2	51.7	52.6	50.4	51.8
第九组	52.0	52.0	52.7	53.0	52.4	53.6	52.6
第十组	49.9	50.0	51.0	51.3	52.1	51.7	51.0

(2) 建立数学模型

数学模型

$$y = R(x_1, x_2, \cdots x_{12}) + \triangle F$$

式中　　　　　y —— 水泥 28d 抗压强度值;

　　　　　　　R —— 观测值;

　　　　　　$\triangle F$ —— 压力试验机的误差;

$x_1, x_2, \cdots x_{12}$ —— 各影响量;

　　　　　　x_1 —— 水泥、标准砂、水的不均匀性;

　　　　　　x_2 —— 配合比的误差;

　　　　　　x_3 —— 搅拌的不均匀性;

　　　　　　x_4 —— 成型的不均匀性;

x_5——养护的不均匀性；

x_6——加荷偏心；

x_7——加荷速度不均匀性；

x_8——试验机本身的重复性；

x_9——分辨力的影响；

x_{10}——人的操作不一致性；

x_{11}——抗折试验时试体破损影响；

x_{12}——其他未知因素的影响。

在数学模型中 $x_1,x_2,\cdots x_{12}$ 这12个影响量的大小很难用物理、数学方法分析,相互关系也很复杂,只能用 A 类评定,综合 12 个影响因素,通过试验来评定它的综合影响。

数学模型中 $\triangle F$ 分量可通过压力机的鉴定证书获得,做 B 类评定。

(3)计算不确定度

1)合并样本标准偏差

$$S_p(R) = \sqrt{\frac{\sum_{j=1}^{10}\sum_{i=1}^{6}(R_{ji}-\overline{R}_j)^2}{m(n-1)}}$$

$i = 1,2,3\cdots 6(n)$

$j = 1,2,3\cdots 10(m)$

代入试验数据得: $S_p(R) = 1.03\text{MPa}$

表中 60 块试体强度的平均值: $\overline{R} = 51.9\text{MPa}$

2)计算各不确定度分量

①标准不确定度 $u(R)$

$$u(R) = S_p(R) = 1.03\text{MPa}$$

②$u(\triangle F)$

由压力试验机检定证书得到 $\triangle F = 1\% \times F, F \approx 52\text{MPa}$(试验数据的平均值),所以 $\triangle F = 1\% \times 52 = 0.52\text{MPa}$。

取均匀分布 $k = \sqrt{3}$

$$u(\triangle F) = \triangle F/k = 0.52/\sqrt{3} = 0.30\text{MPa}$$

3)合成不确定度

$$u_c = \sqrt{u^2(R) + u^2(\triangle F)} = \sqrt{1.03^2 + 0.30^2} = 1.07\text{MPa}$$

4)扩展不确定度

包含因子取 $k = 2$(置信概率 95%)

$$u = ku_c = 2 \times 1.07 = 2.14\text{MPa}$$

相对扩展不确定度: $u/\overline{R} = 2.14/51.9 = 4.1\%$

(4)实际检测情况下的不确定度

1)由于上面计算的不确定度是 10 组试验针对 60 个数据样本中的任何一个数据的不确定度,而在水泥强度的正常检测中 28d 抗压强度不可能做 10 组而只有一组,且最终的抗压强度值是一组中 6 个试体的抗压强度值的平均值(数据不离群的情况下)。因此对于水泥检测室来说,需提供给客户的是抗压强度平均值(6 个试体)的不确定度。在实际检测中,如果检测数据接近上面计算用的 10 组数据的平均值,可利用上面计算的合并样本标准偏差来计算实际单组试验抗压强度的不确定度。表2-7是实际检测中水泥28d抗压强度值：

水泥28d抗压强度值　　　　　　　　　　　表2-7

——	1	2	3	4	5	6	平均值
实测28d强度(MPa)	52.3	52.0	53.3	52.8	52.2	51.1	52.3

2）平均值的标准不确定度

$$u(\bar{R}) = S_p(\bar{R}) = S_p(R)/\sqrt{n} = 1.03/\sqrt{6} = 0.42 \text{MPa}$$

3）平均值的合成不确定度

$$u_c = \sqrt{u^2(\bar{R}) + u^2(\triangle F)} = \sqrt{0.42^2 + 0.30^2} = 0.52 \text{MPa}$$

4）扩展不确定度

包含因子取 $k=2$（置信概率95%）

$$u = ku_c = 2 \times 0.52 = 1.04 \text{MPa}$$

相对扩展不确定度：$u/\bar{R} = 1.04/52.3 = 2.0\%$

5）测量不确定度报告

对于水泥28d抗压强度实测值为52.3MPa，在包含因子为2时（置信概率95%）测量的扩展不确定度是1.04MPa，相对扩展不确定度为2.0%。

思　考　题

1. 测量不确定度的来源主要有那些？
2. 评定测量不确定度的主要步骤如何？
3. 测量误差的定义？
4. 获得B类标准不确定度的信息来源一般有那些方面？

第五节　法定计量单位及其应用

一、我国法定计量单位

法定计量单位是政府以法令的形式，明确规定要在全国范围内采用的计量单位。我国现行法定计量单位是国务院于1984年2月27日颁布的《关于在我国统一实行法定计量单位的命令》所规定的《中华人民共和国法定计量单位》。我国的法定计量单位由以下六部分组成：

1. 国际单位制的基本单位；
2. 国际单位制的辅助单位；
3. 国际单位制中具有专门名称的导出单位；
4. 国家选定的非国际单位制单位；
5. 由以上单位构成的组合形式的单位；
6. 由词头和以上单位所构成的十进倍数和分数单位。

二、计量单位的词头

用于构成十进倍数和分数单位的词头见表2-8。

单位的词头表　　　　　　　　　　　表2-8

所表示的因数	词头名称	词头符号	所表示的因数	词头名称	词头符号
10^{18}	艾[可萨]	E	10^{-1}	分	d

续表

所表示的因数	词头名称	词头符号	所表示的因数	词头名称	词头符号
10^{15}	拍[它]	P	10^{-2}	厘	c
10^{12}	太[拉]	T	10^{-3}	毫	m
10^{9}	吉[咖]	G	10^{-6}	微	μ
10^{6}	兆	M	10^{-9}	纳[诺]	n
10^{3}	千	k	10^{-12}	皮[可]	p
10^{2}	百	h	10^{-15}	飞[母拖]	f
10^{1}	十	da	10^{-18}	阿[托]	a

注：[ ]内的字，是在不致混淆的情况下，可以省略的字。

三、法定计量单位的名称与符号

1. 国际单位制的基本单位（SI 基本单位）

国际单位制的基本单位　　　　　　　　　　　表 2-9

量的名称	单位名称	单位符号
长度	米	m
质量	千克（公斤）	kg
时间	秒	s
电流	安[培]	A
热力学温度	开[尔文]	K
物质的量	摩[尔]	mol
发光强度	坎[德拉]	cd

注：1.[ ]内的字，是在不致混淆的情况下，可以省略的字；
　　2.( )内的字，是前者的同义字；
　　3. 人民生活和贸易中，质量习惯称为重量。

2. 我国常用法定计量单位的名称与符号

我国常用法定计量单位的名称与符号，见表 2-10。

我国常用法定计量单位的名称与符号　　　　　　　　　表 2-10

序号	量的名称	量的符号	单位名称	单位符号	附注
1	长度	$l,(L)$	千米（公里）	km	
			米	m	
			厘米	cm	
			毫米	mm	
			微米	μm	
2	面积	A	平方米	m^2	
			平方厘米	cm^2	
			平方毫米	mm^2	

续表

序号	量的名称	量的符号	单位名称	单位符号	附注
3	体积	V	立方米	m^3	
			升	L(l)	$1L = 1dm^3$
			毫升	mL	
4	平面角	$\alpha,\beta,\gamma,\theta,\varphi$	弧度	rad	
			度	°	$1° = 60' = (\pi/180)$ rad
			分	′	$1' = 60'' = (\pi/10800)$ rad
			秒	″	$1'' = (\pi/648000)$ rad
5	立体角	Ω	球面度	sr	
6	时间	t	天(日)	d	
			〔小〕时	h	
			分	min	
			秒	s	
7	速度	v	米每秒	m/s	
8	加速度	a	米每二次方秒	m/s^2	
9	频率	f	赫〔兹〕	Hz	
10	旋转速度	n	转每分	r/min	
11	质量	m	吨	t	
			千克(公斤)	kg	
			克	g	
			毫克	mg	
12	密度	ρ	吨每立方米	t/m^3	
			克每立方厘米	g/cm^3	
13	线密度	ρl	千克每米	kg/m	
14	力	F	牛〔顿〕	N	$1kgf = 9.80665N$
15	重力	G	牛〔顿〕	N	
16	压强,应力	p	帕〔斯卡〕	Pa	$1Pa = 1N/m^2$
17	材料强度	f	帕〔斯卡〕	Pa	$1kgf/cm^2$ = 0.0980665MPa
18	〔动力〕黏度	$\eta,(\mu)$	帕〔斯卡〕秒	Pa·s	
19	运动黏度	v	二次方米每秒	m^2/s	
20	功,能〔量〕	W	焦〔耳〕	J	$1kgf·m = 9.80665J$
			千瓦小时	kW·h	$1kW·h = 3.6MJ$
21	功率	P	瓦〔特〕	W	$1kcal/h = 1.163W$

续表

我国常用法定计量单位的名称与符号

序号	量的名称	量的符号	单位名称	单位符号	附注
22	温度	T	开〔尔文〕	K	热力学温度与摄氏温度的间隔相等
			摄氏度	℃	
23	热〔量〕	Q	焦〔耳〕	J	1cal = 4.1868J
24	热导率（导热系数）	λ	瓦〔特〕每米开〔尔文〕	W/(m·K)	1kcal/(m·h·℃) = 1.163W/(m·K)
25	传热系数	K	瓦〔特〕每平方米开〔尔文〕	W/(m²·K)	1kcal/(m²·h·℃) = 1.163W/(m²·K)
26	热阻	R	平方米开〔尔文〕每瓦〔特〕	m²·K/W	
27	比热容	c	千焦〔耳〕每千克开〔尔文〕	kJ/(kg·K)	1kcal/(kg·℃) = 4.1868kJ/(kg·K)
28	电流	I	安〔培〕	A	
29	电荷〔量〕	Q	库〔仑〕	C	
30	电位	V	伏〔特〕	V	
	电压	U			
	电压势	E			
31	电容	C	法〔拉〕	F	
32	电阻	R	欧〔姆〕	Ω	
33	磁场强度	H	安〔培〕每米	A/m	
34	发光强度	$I, (Iv)$	坎〔德拉〕	cd	
35	声压级差	L	分贝	dB	
36	物质的量	n	摩〔尔〕	mol	

注：1.〔〕内的字，是在不致混淆的情况下，可以省略的字；
2.（）内的字，是前者的同义字；
3. 摄氏温度（T）与热力学温度（T_0）的换算关系为：$T = T_0 - 273.15$。

四、我国法定计量单位使用方法

根据国务院颁布的《关于在我国统一实行法定计量单位的命令》，原国家计量局于1984年6月印发了《中华人民共和国法定计量单位使用方法》，原国家技术监督局在1993年底颁布了修订后的 GB 3100~3102—93 国家标准。使用法定计量单位时应严格按"方法"和"标准"的要求进行，现就有关使用方法分述如下。

1. 总则

（1）中华人民共和国法定计量单位（简称法定单位）是以国际单位制单位为基础，同时选用了一些非国际单位制的单位构成的。

（2）国际单位制是在米制基础上发展起来的单位制。其国际简称为SI。国际单位制包括SI单位、SI词头和SI单位的十进倍数与分数单位三部分。

按国际上的规定，国际单位制的基本单位、辅助单位、具有专门名称的导出单位以及直接由以上单位构成的组合形式的单位（系数为1）都称之为SI单位。它们有主单位的含义，并构成一贯单位制。

(3)国际上规定的表示倍数和分数单位的 16 个词头,称为 SI 词头。它们用于构成 SI 单位的十进倍数和分数单位,但不得单独使用。质量的十进倍数和分数单位由 SI 词头加在"克"前构成。

(4)本文涉及的法定单位符号(简称符号),系指国务院 1984 年 2 月 27 日命令中规定的符号,适用于我国各民族文字。

(5)把法定单位名称中方括号里的字省略即成为其简称。没有方括号的名称,全称与简称相同。简称可在不致引起混淆的场合下使用。

2. 法定计量单位的名称

(1)组合单位的中文名称与其符号表示的顺序一致。符号中的乘号没有对应的名称,除号的对应名称为"每"字,无论分母中有几个单位,"每"字只出现一次。

例如:比热容单位的符号是 J/(kg·K),其单位名称是"焦耳每千克开尔文"而不是"每千克开尔文焦耳"或"焦耳每千克每开尔文"。

(2)乘方形式的单位名称,其顺序应是指数名称在前,单位名称在后。相应的指数名称由数字加"次方"二字而成。

例如:断面惯性矩的单位 m^4 的名称为"四次方米"。

(3)如果长度的 2 次和 3 次幂是表示面积和体积,则相应的指数名称为"平方"和"立方",并置于长度单位之前,否则应称有"二次方"和"三次方"。

例如:体积单位 dm^3 的名称是"立方分米",而断面系数单位 m^3 的名称是"三次方米"。

(4)书写单位名称时不加任何表示乘或除的符号或其他符号。

例如:电阻率单位 $\Omega·m$ 的名称为"欧姆米"而不是"欧姆·米"、"欧姆一米"、"[欧姆][米]"等。

例如:密度单位 kg/m^3 的名称为"千克每立方米"而不是"千克/立方米"。

3. 法定单位和词头的符号

(1)法定计量单位规定,单位和词头的"国际符号"就是所给出的外文字母,而把单位名称和词头名称的简称作为"中文符号"。对于没有简称的单位名称,则其中文符号和单位名称相同(词头亦同)。

(2)法定单位和词头的符号,不论拉丁字母或希腊字母,一律用正体,不附省略点,且无复数形式。

(3)单位符号的字母一般用小写体,若单位名称来源于人名,则其符号的第一个字母用大写体。

例如:时间单位"秒"的符号是 s。

例如:压力、压强的单位"帕斯卡"的符号是 Pa。

(4)词头符号的字母当其所表示的因数小于 10^6 时,一律用小写体,大于或等于 10^6 时用大写体。

(5)由两个以上单位相乘构成的组合单位,其符号有下列两种形式:

$$N·m \qquad Nm$$

若组合单位符号中某单位的符号同时又是某词头的符号,并有可能发生混淆时,则应尽量将它置于右侧。

例如:力矩单位"牛顿米"的符号应写成 N·m,而不宜写成 mN,以免误解为"毫牛顿"。

(6)由两个以上单位相乘所构成的组合单位,其中文符号只用一种形式,即用居中圆点代表乘号。

例如:动力黏度单位"帕斯卡秒"的中文符号是"帕·秒"而不是"帕秒"、"〔帕〕〔秒〕"、"帕·〔秒〕"、"帕-秒"、"(帕)(秒)"、"帕斯卡·秒"等。

(7)由两个以上单位相除所构成的组合单位,其符号可用下列三种形式之一:

$$kg/m^3 \qquad kg\cdot m^{-3} \qquad kgm^{-3}$$

当可能发生误解时,应尽量用居中圆点或斜线(/)的形式。

例如:速度单位"米每秒"的符号用 $m\cdot s^{-1}$ 或 m/s,而不宜用 ms^{-1},以免误解为"每毫秒"。

(8)由两上以上单位相除所构成的组合单位,其中文符号可采用以下两种形式之一:

$$千克/米^3 \qquad 千克\cdot 米^{-3}$$

(9)在进行运算时,组合单位中的除号可用水平横线表示。

例如:速度单位可以写成 $\dfrac{m}{s}$ 或 $\dfrac{米}{秒}$。

(10)分子无量纲而分母有量纲的组合单位即分子为1的组合单位的符号,一般不用分式而用负数幂的形式。

例如:波数单位的符号是 m^{-1},一般不用 l/m。

(11)在用斜线表示相除时,单位符号的分子和分母都与斜线处于同一行内。当分母中包含两个以上单位符号时,整个分母一般应加圆括号。在一个组合单位的符号中,除加括号避免混淆外,斜线不得多于一条。

例如:热导率单位的符号是 $W/(K\cdot m)$,而不是 $W/K/m$。

(12)词头的符号和单位的符号之间不得有间隙,也不加表示相乘的任何符号。

(13)单位和词头的符号应按其名称或者简称读音,而不得按字母读音。

(14)摄氏温度的单位"摄氏度"的符号℃,可作为中文符号使用,可与其他中文符号构成组合形式的单位。

(15)非物理量的单位(如:件、台、人、圆等)可用汉字与符号构成组合形式的单位。

4.法定单位和词头的使用规则

(1)单位与词头的名称,一般只宜在叙述性文字中使用。单位和词头的符号,在公式、数据表、曲线图、刻度盘和产品铭牌等需要简单明了表示的地方使用,也可用于叙述性文字中。通常优先采用符号。

(2)单位的名称或符号必须作为一个整体使用,不得拆开。

例如:摄氏温度单位"摄氏度"表示的量值应写成并读成"20摄氏度",不得写成"摄氏20度"。

例如:30km/h 应读成"三十千米每小时"。

(3)选用 SI 单位的倍数单位或分数单位,一般应使量的数值处于 0.1~1000 范围内。

例如:

$1.2\times 10^4 N$ 可以写在 $12kN$。

$0.00394m$ 可以写成 $3.94mm$。

$11401Pa$ 可以写成 $11.401kPa$。

$3.1\times 10^{-8}s$ 可以写成 $31ns$。

某些场合习惯使用的单位可以不受上述限制,例如导线截面积使用的面积单位可以用"mm^2(平方毫米)"。

在同一个量的数值表中或叙述同一个量的文章中,为对照方便而使用相同的单位时,数值不受限制。

词头 h、da、d、c(百、十、分、厘),一般用于某些长度、面积和体积的单位中,但根据习惯和方便也可用于其他场合。

(4)有些非法定单位,可以按习惯用 SI 词头构成倍数单位或分数单位。

例如:mCi、mGal、mR 等。

法定单位中的摄氏度以及非十进制的单位,如平面角单位"度"、"[角]分"、"[角]秒"与时间单位"分"、"时"、"日"等,不得用 SI 词头构成倍数单位或分数单位。

(5) 不得使用重叠的词头。

例如:应该用 nm,不应该用 mμm;应该用 am,不应该用 μμm,也不应该用 nnm。

(6) 亿(10^8)、万(10^4)等是我国习惯用的数词,仍可使用,但不是词头。习惯使用的统计单位,如万公里可记为"万 km"或"10^4km";万吨公里可记为"万 t·km"或"10^4t·km"。

(7) 只是通过相乘构成的组合单位在加词头时,词头通常加在组合单位中的第一个单位之前。

例如:力矩的单位 kN·m,不宜写成 N·km。

(8) 只通过相除构成的组合单位或通过乘和除构成的组合单位在加词头时,词头一般应加在分子中的第一个单位之前,分母中一般不用词头,但质量的 SI 单位 kg,这里不作为有词头的单位对待。

例如:摩尔内能单位 kJ/mol 不宜写成 J/mmol。

例如:比能单位可以是 J/kg。

(9) 当组合单位分母是长度、面积和体积单位时,按习惯与方便,分母中可以选用词头构成倍数单位或分数单位。

例如:密度的单位可以选用 g/cm^3。

(10) 一般不在组合单位的分子分母中同时采用词头,但质量单位 kg 这里不作为有词头对待。

例如:电场强度的单位不宜用 kV/mm,而用 MV/m;质量摩尔浓度可以用 mmol/kg。

(11) 倍数单位和分数单位的指数,指包括词头在内的单位的幂。

例如:$1cm^2 = 1(10^{-2}m)^2 = 1 \times 10^{-4}m^2$,而 $1cm^2 \neq 10^{-2}m^2$。

(12) 在计算中,建议所有量值都采用 SI 单位表示,词头应以相应的 10 的幂代替(kg 本身是 SI 单位,故不应换成 10^3g)。

(13) 将 SI 词头的部分中文名称置于单位名称之前构成中文符号时,应注意避免与中文数词混淆,必要时应使用圆括号。

例如:旋转频率的量值不得写为 3 千秒$^{-1}$。

如表示"三每千秒",则应写为"3(千秒)$^{-1}$"(此处"千"为词头);

如表示"三千每秒",则应写为"3 千(秒)$^{-1}$"(此处"千"为数词)。

例如:体积的量值不得写为"2 千米^3"。

如表示"二立方千米",则应写为"2(千米)^3"(此处"千"为词头);

如表示"二千立方米",则应写为"2 千(米)^3"(此处"千"为数词)。

思 考 题

1. 我国的法定计量单位由哪些部分组成?
2. 国际单位制由哪些部分组成?
3. 国际单位制的基本单位(SI 基本单位)有哪些?

第三章 建设工程检测新技术简介

第一节 概 述

随着科学技术的进步,以及建设工程质量检测行业的不断完善和规范,使得原本只在某些高科技或国防领域才用到的新技术、新材料、新工艺也逐渐引入到建设工程检测中来。目前虽然这些新技术在建设工程检测中相对于传统的检测手段而言还比较年轻,但是实践证明这些新技术的应用已取得较好的效果,相信随着社会的进步,新技术的广泛应用将一定会带动建设工程检测行业的进一步发展,使得建设工程的检测方法更加科学、检测手段更加完善、检测装备更加先进。

本章主要对目前国内外应用相对较为广泛、成熟的新技术进行了简单介绍,其中包括:冲击回波检测技术、结构动力检测技术、雷达检测技术、光纤传感技术、桩基钢筋笼检测技术以及桩承载力的荷载自平衡测试方法等。

第二节 冲击回波检测技术

一、基本概念

探测结构内部缺陷(空洞、裂缝、剥离层等),目前较多使用的检测方法是超声波检测。该方法常采用穿透测试,需要有两个相对的测试面,对单一测试面的结构混凝土内部缺陷,有一定的局限性。另外,许多结构往往还需要测量混凝土厚度,而现行的测量混凝土厚度的方法,都存在一些问题。针对这些问题,国际上从 20 世纪 80 年代中期开始研究一种新的无损检测方法——冲击回波法(ImpactEchoMethod)。该方法是基于瞬态应力波应用于无损检测的一种技术,它可以在单一测试面上测量结构的缺陷。测试系统先在结构表面施加微小冲击振动,产生应力波,当应力波在结构中传播遇到缺陷与底面时,将产生反射并引起结构表面微小的位移响应。通过接收这种响应波并进行频谱分析可得到频谱图。通过分析频谱图上的峰谷和频率,可以计算出结构的厚度、有无缺陷及缺陷位置。

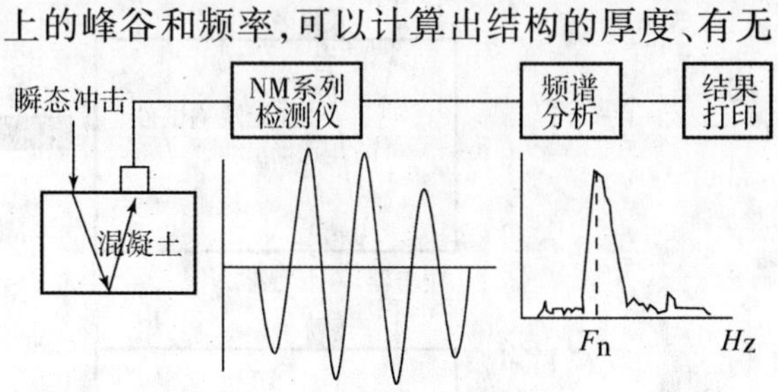

冲击 - 回波法应用于混凝土构筑物无损检测,具有简便、快速、设备轻便、干扰小、可重复测试等特点。目前国外已将该方法大量用于工程实质检测,如探测混凝土结构内部疏松区,路面、底板的剥离层,预应力张拉管中灌浆的孔洞区,表层裂缝深度等。

图 3 - 1 冲击 - 回波法原理图

1. 测试原理

冲击 - 回波法利用一个短时的机械冲击(用一个小钢球或小锤轻敲混凝土表面)产生低频的应力波,应力波传播到结构内部,被缺陷和构件底面反射回来,这些反射波被安装在冲击点附近的传感器接收下来(图 3 - 1 所示)并被送到一个内置高速数据采集及信号处理的便携式仪器。将所记录的信号进行幅值谱分析,谱图中的明显峰正是由于冲击表面、缺陷及其他外表面之间的多次反射产生瞬

态共振所致,它可以被识别出来并被用来确定结构混凝土的厚度和缺陷位置,其计算公式如下:

$$h = \frac{c}{2f} \qquad (3-1)$$

式(3-1)中,h 为待测结构物厚度或缺陷深度;c 为声波在结构中的传播速度;f 为频谱分析得出的回波峰值频率。

$$\Delta f = 1/(2N\Delta T) \qquad (3-2)$$

式(3-2)中 Δf 为频域分辨率,N 为采样点数,ΔT 为采样间隔。提高回波频率的精度可使厚度 H 的精度得到提高。

实测中,可调整延迟时间,选择合适的时间窗口,以使主频更易识别。

冲击回波法也被广泛地应用到混凝土厚度测量方法中。混凝土厚度测量的原理是确定压力波在混凝土板或楼板中的传播时间。

用激震器激发一个机械脉冲使压力波进入混凝土,然后波从楼板,混凝土板和墙板的对面反射回来。在混凝土上安装一个高灵敏度的加速度传感器,就可以测得入射波和反射波,入射波和反射波之间的时滞就是波的旅行时间。在混凝土中应力波已有了既定的传播速度,从而计算出需要测定的混凝土构件的厚度,$H = V_{混凝土} \times T_{旅行}/2$。

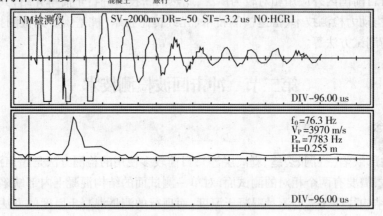

图 3-2　冲击-回波法频谱图

对于有缺陷的构件,除了波传递的时间的变化外,频域也发生相应的变化。对于有缺陷的构件通常频率有所升高,其原因是缺陷部位往往比底部边界更靠近激励源,如图 3-3 所示。

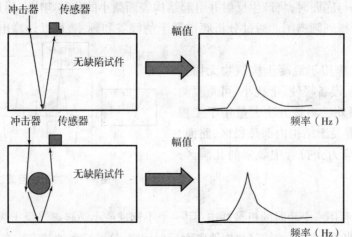

图 3-3　冲击-回波法测试缺陷构件对比图

2. 检测方法及结果分析

(1) 表面处理

一般路面施工都有一道"拉毛"工序,此道工序会使混凝土路面相对不平整,同时使得表层产生微裂隙,如果不经过任何处理就用冲击回波法测厚度,很难甚至不能得出结果,原因之一是传感器与待测表面耦合不良,很难接收到信号,从而使信号微弱;原因之二是微裂隙的存在使测试条件更复杂,所得信号质量不好,杂波较多,有用信号不突出,所以在检测之前,一定要对表面进行处理,用砂轮将待测点周围磨平,至少将"拉毛"层磨掉。

(2) 传感器的设计

用于测厚的传感器必须具有较宽的频带范围使用宽频传感器(通常为 1~100Hz),以适应不同厚度混凝土的检测,另外,传感器还必须有适宜的灵敏度,使得有用信号突出,干扰信号减低到最低限度,从而提高信号质量,使测试结果更精确。

(3) 冲击器的选择

对于不同厚度的混凝土板,其瞬态共振频率是不一样的:对于较厚的混凝土板,此频率值较低,对于较薄的混凝土板,此频率值较高,应选择一种能产生相应频率应力波但又有足够的能量的冲击器,使得混凝土板能产生瞬态共振,接收信号较强且质量较高。为避免不断选择小锤以适应不同厚度结构的激振,国外发展出了较为先进的冲击器—小螺线管冲击器,通过计算机控制小螺线管冲击器力,根据结构构件的不同厚度来确定冲击频率进行冲击,以产生恰当的频率。

(4) 声速的测量

在冲击-回波法测厚时,声速的测量也是至关重要的。声速越精确,所得的测厚结果就越精确。在实际应用中,声速的测量有几种可行方法:直接用冲击-回波法测量 P 波波速来确定,此方法允许测量结构上任一点的波速。用超声平测法测量混凝土的声速(如图3-4所示)。在混凝土结构中不同部位的波速往往是变化的,或者在某些情况下其厚度未知,还得进行取芯,所以第一种方法不太可取;用第二种方法测得的声速值比较接近,一般测试时优先采用第一种方法,除非条件不具备,再考虑采用其他两种方法。

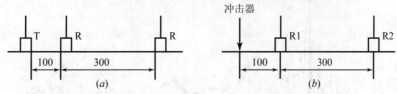

图 3-4　超声平测法测量混凝土的声速

(a)超声平测法;(b)冲击-回波平测法

在信号处理上,对频率的测量,是通过快速 FFT 变换得到频域结果,找出特定的频率。

3. 冲击-回波检测技术的工程应用

冲击-回波法通常用于探测混凝土、木、石结构中的内部孔洞、蜂窝、裂缝、分层,也用于测量板和公路的厚度等。

许多混凝土结构,如路面、机场跑道、底板、护坡、挡土墙、筏型基础、隧道衬砌、大坝等,只存在单一测试面,而从事混凝土结构评估、修补工作的工程师们往往对以上结构混凝土的厚度比较重视,因为这些结构混凝土的厚度如达不到设计要求,将会影响结构的整体强度及其耐久性,造成工程隐患,甚至引起严重工程质量事故,所以用无损检测方法测试结构混凝土的厚度具有重要意义和实用价值。

(1)混凝土板厚度检测

为了研究冲击回波法,制作了厚度为 100~500mm 的混凝土板模型,在每种模型上布置多条测线,采用两种方法——超声平测法和直接测取 P 波法对声速进行了测量,我们发现这两种方法测出的同一条测线的声速值比较接近。测量声速后,在每条测线的多个测点上进行厚度测试。图 3-5 为不同厚度混凝土板模型上的某条测线的测试结果。

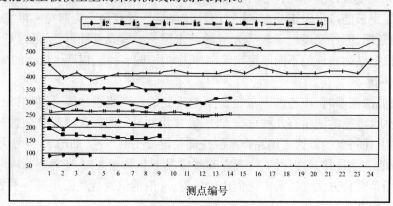

图 3-5 不同厚度混凝土板测试结果

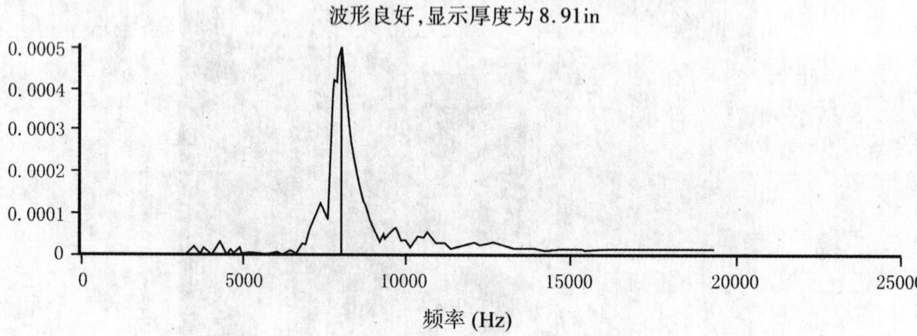

图 3-6 显示冲击-回波方法测试混凝土板,波形良好,显示厚度为 8.91in

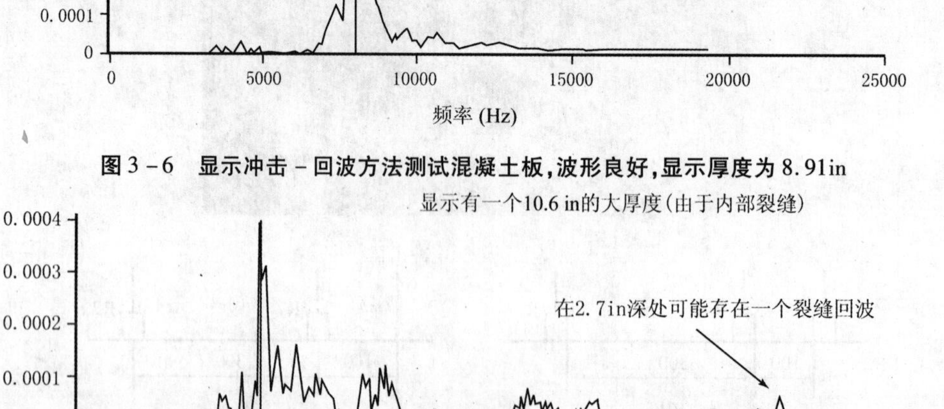

图 3-7 显示冲击-回波方法测试混凝土板,显示有一个 10.6in 的大厚度(由于内部裂缝),

以及在 2.7in 深处可能存在一个裂缝回波

(2)用扫描式冲击回波方法测试预应力管道中的未灌浆区域在预应力结构中,用后张法施加预应力后,需要对预留的预应力管进行灌浆处理,由于管道狭长施工不当会产生灌浆不密实的情况,使管线中出现孔洞。如何检测和定位孔洞,一直是工程技术上面临的一个问题。国外用扫描式冲击回波的方法进行了这方面的研究试验,取得了良好的效果。扫描式冲击回波使每隔 1in/cm 自动冲击测试一次,是快速、接近连续的冲击回波测试方式,可用于管道、桥面、公路、其他结构的深度/缺陷测试。照片为试验人员在试验室中用扫描式冲击-回波仪测量测试预应力管道中的未灌浆区域,其结果如图 3-8 所示:

图中管道的上部和下部灌浆较为密实,在中部有不密实的地方。密实部分测得的频率较高,而不密实的空管频率较低。得到的结果非常直观。

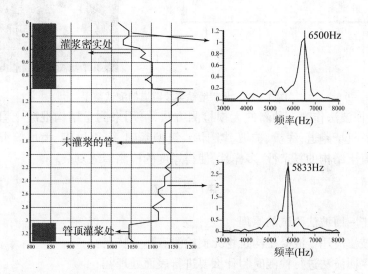

图 3-8 扫描式冲击-回波方法测试预应力管道中的未灌浆区域结果

(3)混凝土路面厚度测量

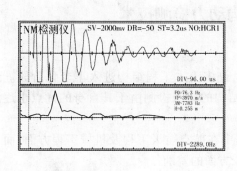 

图 3-9 混凝土路面实测结果

图 3-9 是用冲击-回波法检测高速公路某段混凝土路面的厚度测试结果,测试前首先用超声平测法测得其混凝土声速 $V_p = 3970 \text{m/s}$,然后用冲击器激振,采集得到信号,经频谱分析得出其峰值频率 F_m 为 7650Hz,相应的厚度为 255mm,而钻孔取芯实测的混凝土路面厚度为 250mm,相对误差为 2%。

(4)隧道二次衬砌厚度检测

图 3-10 是用冲击-回波法检测地铁某段隧道二次衬砌混凝土厚度的结果(上部为时域波形,下部为其振幅谱)。该隧道结构为一次喷护 30cm 厚混凝土和二次模筑 20cm 厚混凝土复合衬砌形式,两次混凝土之间有一柔性防水层。用超声平测法测得超声波速为 4200m/s,其平均峰值频率为 10.1kHz,故其平均厚度为 20.8cm,比较接近设计厚度。

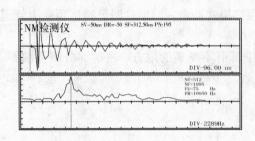 

图 3-10 北京地铁某段隧道的测试结果

总之,冲击-回波法作为一种新的无损检测方法,可用来测量结构混凝土厚度。特别适合于单面结构,如路面、机场跑道、底板、护坡、挡土墙、筏型基础、隧道衬砌、大坝等混凝土结构的厚度检测。但由于混凝土结构的复杂性、多样性,使得厚度的检测错综复杂。

思 考 题

1. 试简述冲击-回波法测试的原理。
2. 冲击-回波法应用于混凝土构筑物无损检测有哪些特点?
3. 应用冲击-回波法进行检测时为什么要进行表面处理?
4. 冲击回-波检测技术在工程中有哪些应用?
5. 冲击回-波检测时对冲击器的选择有什么要求?

第三节 工程结构动力检测技术

一、基本概念

随着大量建设工程基础设施使用时间的增长,许多土木工程结构进入了老化阶段。近些年来,结构的健康实质监测越来越受到人们的重视,结构的动态检测由于其自身的优点也逐渐成为工程界和学术界十分关注的一个研究领域。

基于振动的结构检测方法的早期研究,主要集中在航空航天工程及机械工程方面,而土木工程结构与之相比具有明显差别。归纳起来主要有三方面的差别:

1. 激振源不同

工程结构一般尺寸大、质量重,难以像机械结构那样在预想的位置有效施加人为的激振,以获取最能反映结构性态的动力响应。

2. 响应信息不同

由于激振源的原因,工程结构动力检测所利用的动力响应的信噪比一般较机械小,而且其结构动力响应极易受外界环境以及非结构构件等的影响。

3. 识别的问题不同

机械故障主要识别故障位置,而结构损伤识别除需识别结构损伤的位置外,更重要的是还需识别损伤的程度。此外,结构动力检测时经常只能获取结构的部分动力信息,而且实际结构的不确定性水平比单个构件或缩尺比例模型高得多,这使得大型土木结构整体损伤识别方法的研究得到广泛开展,并且到目前为止已经取得了一定的成果。

结构动力检测的基本问题是依据结构的动力响应识别结构的当前状态,如图3-11为一结构在周围环境激励下的响应及其幅值曲线。结构的性态可以用结构模态参数(主要为自振频率和振型)和结构物理参数(主要为刚度参数)进行描述。结构的物理参数是结构性态的直观表述,直接反映结构的状态,也是进行结构可靠性评价需要直接应用的参数。结构模态参数也是结构的一个非常重要的性态,反映结构的质量和刚度分布状况,如果结构的模态参数发生变化,也能间接反映结构的物理性态变化。从而可以定性和定量地判别结构的状态。因此,结构的动力检测问题可分为结构模态参数识别和结构物理参数识别问题。

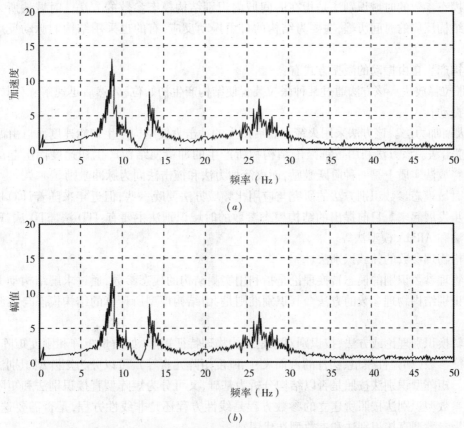

图3-11 某结构在环境激励下的加速度响应及其幅值曲线
(a)加速度响应时程;(b)幅值曲线

二、动力检测的测试方法

对于工程结构,容易实现和测量的是结构的动力响应。利用结构的动力响应进行结构性态识别的方法,即为结构动力检测方法。结构动力检测方法可不受结构规模和隐蔽的限制,只要在可达到的结构位置安装动力响应传感器即可。目前高效模块化、数字化的结构动力响应测量技术已为结构动力检测方法提供了坚实有效的技术支持,求解过程可用图3-12表示。

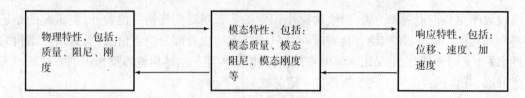

图 3-12 工程振动测试过程示意图

1. 结构模态参数的频域识别法

结构模态参数的频域识别法,是基于结构传递函数或频率响应(简称频响函数)在频域内识别结构的固有频率、阻尼比和振型等模态参数的方法。对于单自由度体系而言,一般采用幅值法、分量法以及导纳圆法,而对于多自由度体系,SISO 法和 SIMO 法被较多的采用。

2. 结构模态参数的时域识别法

结构模态参数的时域识别法是指在时间域内识别结构模态参数的方法。时域法所采用的原始数据是结构反应的时间历程,主要为结构的自由振动反应,有的也采用结构的脉动反应和强迫振动反应。

使结构产生自由振动的激振方式有:

(1)张拉释放法。该方法通过某种张拉装置使结构产生初始位移,然后迅速解除张拉,使结构产生自由振动;

(2)火箭加力法。该方法采用火箭点燃后产生的冲击力使结构产生初始速度而自由振动;

(3)撞击法。该方法利用重锤敲击结构物所产生的冲量使结构产生初速度而引起的自由振动。张拉释放法实质上是一种阶跃激励,而火箭加力法和撞击法同为脉冲激励。

结构时域模态参数识别方法的研究与应用比频域方法要晚一些,但近年来随着计算机技术的发展而逐步发展起来。目前提出的结构模态参数的时域识别法主要有:ITD 法、STD 法、Prony 法、随机减量法和 ARMA 模型法等。

3. 结构物理参数的频域识别法

结构物理参数识别的模态转换理论是指利用实测结构的模态参数,通过求解结构动力特征值的反问题识别结构物理参数的方法。其识别准则是:由结构模型所计算的结构模态与实测结构模态一致。

模态转换识别理论或方法,按识别对象是结构物理特征矩阵(如质量矩阵和刚度矩阵)还是结构物理特征参数(如弹性模量、构件的截面尺寸、刚度矩阵元素等),可以分为矩阵型识别法和参数型识别法。矩阵型识别法按照是否以结构分析为基础,又可分为矩阵型直接识别法和矩阵型修正识别法。参数型识别法按照所建立的参数方程是线性方程还是非线性方程,是否需要迭代求解,又可以分为参数型直接识别法和参数型迭代识别法。

4. 结构物理参数的时域识别法

如果以结构物理参数的确立作为结构动力检测或系统识别的最终目的,则关于结构物理参数的识别可以划分为两个类别:间接法与直接法。所谓间接法就是先利用频域或者时域数据识别模态参数,再由模态参数识别结构物理参数,而直接法是直接利用结构动力反应的时程测量信息来识别结构物理参数。

三、动力检测的损伤识别方法简介

大型土木工程结构由于荷载作用、疲劳与腐蚀效应、材料的老化以及缺乏及时的维修,在使用期内将不可避免地产生损伤积累、抗力衰退而影响结构的使用寿命,甚至会导致突发事故。已建成的和在使用中的许多结构和设施急需采用有效手段进行检测及评估其安全状况,识别、修复和控制损伤以防止潜在灾难的发生。结构损伤被考虑为一种对结构承载力减弱的负面影响,也可以定义为由于结构原始几何或者材料的特性的偏差而导致我们不希望得到的诸如结构上的应力、位移和结构振动等。传统的无损检测技术如超声波、声发射、X射线等均是目前使用的"局部"损伤诊断技术,但这些检测方法检查时间长,检测费用昂贵,不能实现在线检测。随着结构的大型化、复杂化要求,迫切需要发展新的结构整体的损伤检测方法。结构损伤的动态检测方法是基于对结构的动力学特性(质量、刚度、阻尼)的变化跟踪分析,由此来判断结构的损伤部位及程度。由于结构的动力特性是结构整体性的集中反映,因此,结构损伤的动态检测方法是一种结构整体损伤检测方法,具有在线检测的优点,因而受到广泛的注意。

1. 动力参数损伤识别方法

在结构损伤检测中主要需解决以下问题:一是结构是否存在损伤;二是结构损伤位置的判断;三是结构损伤的严重程度;四是结构损伤对结构使用性能的影响,即结构剩余寿命的预估。典型的动力参数诊断法是将观察到的动力参数改变与基准的参数比较,并选择其中最有可能的改变来判断结构的真实状况。

结构动力破损评估可大致分为四步:第一步选择振动观测信号;第二步提取与破损状态有联系的特征量;第三步识别结构有无损伤;第四步识别损伤位置、性质、程度。

近几年来,出现了许多基于动力参数的结构损伤诊断方法,这些方法各有特点,现介绍常用方法如下:

(1) 剩余模态力分析方法

基于剩余模态力分析方法是先建立有限元分析模型,利用在结构受损区上测试出的特征值(固有频率的平方)和响应的测试模态,代入未受损结构特征值问题方程式的左边,如果方程的右边等于零,则可以判断出结构未发生损伤,如果方程的右边不等于零,则可以根据非零值的位置判断出相应的受损的位置。再将从结构试验数据中得出受损区的模态参数变化与结构有限元模型分析模态参数的灵敏度进行比较,以此来评估结构受损伤的程度。基于剩余模态力分析方法不仅考虑了系统质量的变化对模态的影响,而且还考虑了固有频率和模态向量的摄动,并且计入了结构参数不确定性及测量误差,考虑的因素较为全面。

(2) 柔度变化的损伤识别方法

模态试验由于测试误差的影响,往往只能准确地获得前几阶模态参数,而且对于复杂多自由度系统,测试自由度往往小于结构本身的自由度,使损伤识别精度受到影响。利用柔度变化的损伤识别法进行损伤识别,在获得相同的试验模态参数条件下比刚度法更为精确。这是因为,在模态满足归一化的条件下,模态参数对柔度矩阵的贡献与自振频率的平方成反比。随着频率的增大,柔度矩阵中高频率的倒数影响可以忽略不计,这样只要测量前几个低阶模态参数和频率,就可以获得精度较好的矩阵。根据损伤前后的两个柔度矩阵的差值矩阵,求出差值矩阵各列中的最大元素,通过检查每列中的最大元素就可以找出损伤的位置。柔度变化的损伤识别方法相对于刚度变化的损伤识别方法对结构损伤是比较敏感的,但是由于忽略高阶模态参数的影响,无法避免地存在着误差。

(3) 固有频率变化的损伤识别方法

固有频率是模态参数中最容易获得的一个参数,而且识别精度高。其特点是:认为结构发生损伤时,仅结构的刚度降低,而忽略结构质量的变化。但是结构在不同位置发生损伤都可能引起相同的频率变化,因此,该方法往往只能发现损伤,而不能确定损伤的位置。利用特征值(固有频率的平方)问题的一阶摄动,可以得到结构系统矩阵变化与特征值变化之间的关系,继而得到特征值变化与刚度矩阵变化之间的关系,通过一些假设、对振型的归一化归纳出系统特征值对刚度矩阵的灵敏度方程。根据实测数据对该方程求优化解即可获得结构损伤的位置。此方法只需结构频率变化值(容易较精确地测量得到),而无需振型值(难以精确测量),同时避免了理论与实测自由度不一致的矛盾。但由于推导中忽略了结构模态特性和系统矩阵二阶以上的摄动量,因此该方法只适用于结构微小变化的场合。

(4)刚度变化的损伤识别方法

利用刚度矩阵的变化进行损伤识别目前有很多人在研究,因为结构发生较大的损伤时,其刚度矩阵将发生显著的变化。对于实际的土木工程结构,涉及的自由度数量和未知参数数目急剧增加,其难度和收敛的计算要求也跟着增加,而实际的情况是,结构的损伤可能只发生在结构的局部部位,结构的大部分部位没有出现损伤,大部分结构单元的刚度基本没有改变,此时采用子结构损伤识别方法对大型复杂结构系统的损伤检测和状态评估是一种有效的方法。在模型修正方法中,通常做法是修正选定子结构的刚度修正系数而不是单个结构构件,其目的是减少要修正刚度参数的数量,使得病态和非唯一性保持在可以接受的程度。

(5)振型变化的损伤识别方法

结构振型包含更多的损伤信息,振型变化的损伤识别方法有以位移类参数(位移、位移模态、柔度矩阵等)和以应变类参数(应变、应变模态、曲率模态等)为基础的损伤定位方法。这些方法均需要建立结构初始正常状态时的有限元模型作为识别基准,然后用当前结构振型实测数据修正结构模型,通过比较结构修正前后的模型物理参数来识别结构的损伤状况。研究发现振型曲率比振型对损伤更为敏感,可以用来检测损伤和进行损伤定位。如果结构出现损伤,则破损处的刚度会降低,而曲率便会增大。振型曲率的变化随着曲率的增大而增大。因此,可以根据振型曲率作为定位参数。但该方法的不足之处是需要非常密集的测点,以便使用中心差分法求取曲率模态,否则将增大曲率模态振型的误差。由于在测试过程中实测振型往往是不完整的。有些学者建议直接采用不完整实测振型进行结构的损伤识别,比较典型的是以灵敏度和数值为基础的方法。该方法以结构损伤前后的实测特征值和实测不完整振型以及假设结构某单元受损后引起的振型的理论差值为识别参数,建立多处损伤定位准则公式。根据所测得的识别参数,计算并找出 MDLAC 的最大值的位置来大致确定结构受损位置,再利用叠代数值方法计算出受损程度。该方法的优点是直接地利用结构实测不完整振型进行结构损伤识别。其缺点是计算量太大,这是因为每个假设受损单元都要计算出 MDLAC 值来。假设受损单元越多(结构受损位置越多),其计算 MDLAC 值的次数也就越大,相应的受损程度的叠代数值计算也多。

2. 动力检测的信号分析

数据采集完成后,首先要对数据进行以下几方面的处理:

(1)标定变换

采集得到的数据首先需要进行标定变换(有些测试仪器会自动进行,但也要输入标定系数),使之还原成具有相应物理单位的数字信号数据。经数据采集器得到的数据,有的是数字电压值,有的是以采集器分辨率为单位的整形数字量。对于数字电压量的数据,直接乘以传感器的标定值,即传感器的物理量与输出电压的比值,标定转换即可完成。对于整形数字量的数据,首先需要乘以采集器的分辨率以转换成电压数据,然后再进行物理单位的标定变换。例如,对于输出电压范围 ±10V 的 16bit 数据采集器,它的满量程电压为 20V,则其电压分辨率为 $20 \times 10^3/2^{16}$ = 9.537mV,用此分辨率分别乘以采集到的整形数据可得到以电压为单位的信号数据,再用传感器的标定值乘以电压信号,便可得到实际物理单位下的信号数据。

(2)消除趋势项

采集到的振动信号数据,由于可能存在放大器随温度变化产生的零点漂移、传感器频率范围外低频性能的不稳定以及传感器周围的环境干扰等因素,大多都含有一定的趋势项。趋势项的存在,会使时域中的相关分析或频域中的功率谱分析产生很大的误差,甚至使低频谱完全失去真实性,所以必须将其消除。

(3) 滤波

滤波就是通过数学运算从所采集的离散信号中选取感兴趣的部分信号的处理方法。它的主要作用有滤除信号中的噪声或虚假成分、提高信噪比、平滑数据、抑制干扰、分离频率等。滤波器按频率范围分类有低通滤波器(LPF)、高通滤波器(HPF)、带通滤波器(BPF)、带阻滤波器(BSF)和梳状滤波器。按照数学运算方式考虑,数字滤波又分为时域滤波方法和频域滤波方法。

在动力检测中,数据信号通常采用以下方法分析:

1) 主谐量法;
2) 周期频度或频度谱法;
3) 选频滤波法;
4) 谐波分析法;
5) 功率谱法。

主谐量法和周期频度或频度谱法是直接从脉动的光线或者记录图形上按一定规律分析得出的低阶自振特性,不需对脉动信号进行数据处理,这两种方法目前已经很少用。选频滤波法是把脉动信号通过一个窄带滤波器,把一个脉动信号分解为多组谐波。与结构自振频率对应的谐波有两个特点:振幅值大,"拍"的现象明显。谐波分析法是把脉动响应信号进行傅氏变化,得出振幅谱,由振幅谱的峰值得到结构的自振参数,这几种方法都是把脉动信号视为规则的振动曲线,而实际的结构物与地面的脉动信号都是随机过程。有效的分析方法是把实测数据按照随机信号进行数据处理,功率谱法就是以此为基础的。

通过对结构动力检测技术作了初步的介绍,通过对土木工程结构动力检测的试验和分析我们可以得出以下结论:

一是动力检测方法快捷、简便,能准确地获取结构状态的大量信息,对结构诊断与评估有重大的实用价值;

二是动力检测法适用于结构动力参数检测和结构损伤识别,随着测试方法和数据分析的不断进步,其应用领域将不断扩大;

三是通过静态检测和动态检测互相补充、互相验证的综合检测方法,可以更好的评价结构的实际性态。

思 考 题

1. 基于振动的结构检测方法的研究,土木工程与航空航天工程及机械工程有什么差别?
2. 使结构产生自由振动的激振方式有哪些?
3. 动力检测的测试方法有哪几种?
4. 工程结构动力检测中,动力参数损伤有哪几种识别方法?
5. 通过对结构动力检测技术的了解及对土木工程结构动力检测的试验及分析,我们可以得出什么结论?

第四节 红外热像检测技术

一、基本概念

运用红外热像仪检测物体各部分辐射的红外线能量,根据物体表面的温度场分布状况所形成的热像图,直观地显示材料、结构物及其结合面上存在不连续缺陷的检测技术,称为红外热像检测技术。它是非接触的无损检测技术，可以对被测物作上下、左右非接触的连续扫描，因此也称红外扫描测试技术。

红外热像无损检测技术是依据被测物连续辐射红外线的物理现象，非接触式不破坏被测物体。该检测技术已经成为国内外无损检测技术的重要分支，也是"九五"国家科技成果重点推广项目。特别是它具有对不同温度场、广视域的快速扫测和遥感检测的功能，因而，对已有的无损检测技术功能和效果具有很好的互补性。

红外热像检测技术的特点：红外线探测器的焦距在理论上可以是200mm至无穷远，因而适用于作非接触、广视域的大面积无损检测；探测器只对红外线有响应，只要被测物温度处于绝对零度以上，红外热像仪就不仅能在白天进行工作，而且在黑夜中也可以正常进行探测工作；现代的红外热像仪的温度分辨率高达$0.01 \sim 0.02$℃，所以探测的温度变化的精确度很高；红外热像仪测量温度的范围在$-50 \sim 2000$℃，其应用的探测领域十分广阔；摄像速度$1 \sim 30$帧/秒，故适用静、动态目标温度变化的常规检测和跟踪探测，因而，也有把红外热像检测仪称为温度示跟仪的说法。

红外热像检测技术已广泛用于电力设备、高压电网安全运转的检查，石化管道泄漏，冶炼温度和炉衬损伤，航空胶结材料质量的检查，大地气象检测预报，山体滑坡的监测预报，医疗诊断等。总之，红外热像技术的应用，已有不少文献报导，大至进行太阳光谱分析，火星表层温度场探测，小至人体病变医疗诊断检查研究。

红外检测技术用于房屋质量的功能检查评估，在我国尚处于起步阶段，其应用极为广阔。诸如建筑物墙体剥离、渗漏、房屋保温气密性的检测，具有快速，大面积扫测、直观的优点。它有当前其他无损检测技术无法替代的技术特点，因而在建筑工程诊断中研究推广红外无损检测技术是十分必要的。

二、红外热像测试原理

1672年，人们发现太阳光(白光)是由各种颜色的光复合而成，同时，牛顿做出了单色光在性质上比白色光更简单的著名结论。使用分光棱镜就可把太阳光(白光)分解为红、橙、黄、绿、青、蓝、紫等各色单色光。1800年，英国物理学家F·W·赫胥尔从热的观点来研究各种色光时，发现了红外线。他在研究各种色光的热量时，有意地把暗室的唯一的窗户用暗板堵住，并在板上开了一个矩形孔，孔内装一个分光棱镜。当太阳光通过棱镜时，便被分解为彩色光带，并用温度计去测量光带中不同颜色所含的热量。为了与环境温度进行比较，赫胥尔用在彩色光带附近放几支作为比较用的温度计来测定周围环境温度。试验中，他偶然发现一个奇怪的现象：放在光带红光外的一支温度计，比室内其他温度的指示数值高。经过反复试验，这个所谓热量最多的高温区，总是位于光带最边缘处红光的外面。于是他宣布太阳发出的辐射中除可见光线外，还有一种人眼看不见的"热线"，这种看不见的"热线"位于红色光外侧，叫做红外线。红外线是一种电磁波，具有与无线电波及可见光一样的本质，红外线的发现是人类对自然认识的一次飞跃，对研究、利用和发展红外技术领域开辟了一条全新的广阔道路。

红外线的波长在$0.76 \sim 1000 \mu m$之间，按波长的范围可分为近红外、中红外、远红外、极远红外四类，它在电磁波连续频谱中的位置是处于无线电波与可见光之间的区域。红外线辐射是自然界存在的一种最为广泛的电磁波辐射，它是基于任何物体在常规环境下都会产生自身的分子和原子无规则的运动，并不停地辐射出热红外能量，分子和原子的运动愈剧烈，辐射的能量愈大，反之，辐射的能量愈小。

在自然界中，任何温度在绝对零度(-273℃)以上的物体，都会因自身的分子运动而辐射出红外线。由于被测物具有辐射现象，所以，红外无损检测是测量通过物体的热量和热流来鉴定该物体有无质量问题的一种方法。当物体内部存在裂缝和缺陷时，它将改变物体的热传导，使物体表面温度分布产生差别,利用红外热像检测仪测量其热辐射的不同,即可以查出物体的缺陷位置。通过红外探测器将物体辐射的功率信号转换成电信号后,成像装置的输出信号就可以完全一一对应地模拟扫描物体表面温度的空间分布,经电子系统处理,传至显示屏上,得到与物体表面热分布相应的热像图。运用这一方法,便能实现对目标进行远距离热状态图像成像和测温并进行分析判断。

如果光照或热流注入是均匀的,对于无缺陷的物体,经反射或物体热传导后,正面和背面的表层温度场分布基本上是均匀的。如果物体内部存在缺陷,将使缺陷处的温度分布产生变化。对于隔热性的缺陷,正面检测方式,缺陷处因热量堆积将呈现"热点",背面检测方式,缺陷处将呈现低温点;而对于导热性的缺陷,正面检测方式,缺陷处的温度将呈现低温点,背面检测方式,缺陷处的温度将呈现"热点"。因此,采用热红外测试技术,可较形象地检测出材料的内部缺陷和均匀性。前一种检测方式,常用于检查壁板、夹层结构的胶结质量,检测复合材料脱粘缺陷和面砖粘贴的质量等;后一种检测方式可用于房屋门窗、冷库、管道保温隔热性质的检查等。

三、红外热像仪

红外热像仪是利用红外探测器、光学成像物镜和光机扫描系统(目前先进的焦平面技术则省去了光机扫描系统)接受被测目标的红外辐射能量分布图形反映到红外探测器的光敏元上,在光学系统和红外探测器之间,有一个扫描机构(焦平面热像仪无此机构)对被测物体的红外热像进行扫描,并聚焦在单元或分光探测器上,由探测器将红外辐射能转换成电信号,经放大处理、转换或标准视频信号通过电视屏或监测器显示红外热像图。这种热像图与物体表面的热分布场相对应;实质上是被测目标物体各部分红外辐射的热像分布图由于信号非常弱,与可见光图像相比,缺少层次和立体感,因此,在实际动作过程中为更有效地判断被测目标的红外热分布场,常采用一些辅助措施来增加仪器的使用功能,如图像亮度、对比度的控制,实标校正,伪色彩描绘等技术。

在第二次世界大战中,德国人用红外变像管作为光电转换器件,研制出了主动式夜视仪和红外通信设备,为红外技术的发展奠定了基础。二次世界大战后,首先由美国德克萨兰仪器公司经过近一年的探索,开发研制的第一代用于军事领域的红外成像装置,称之为红外寻视系统(FLIR),它是利用光学机械系统对被测目标的红外辐射扫描。由光子探测器接收两维红外辐射迹象,经光电转换等一系列数据处理后,形成视频图像信号。这种系统、原始的形式是一种非实时的自动温度分布记录仪,后来随着20世纪50年代锑化铟和锗掺汞光子探测器的发展,才开始出现高速扫描及实时显示目标热图像的系统。

20世纪60年代早期,瑞典AGA公司研制成功第二代红外成像装置,它是在红外寻视系统的基础上增加了测温的功能,称之为红外热像仪。

开始由于保密的原因,在发达的国家中也仅限于军用,投入应用的热成像装置可在黑夜或浓厚幕云雾中探测对方的目标,探测伪装的目标和高速运动的目标,但仪器的成本也很高。以后考虑到在工业生产发展中的实用性,结合工业红外探测的特点,采取压缩仪器造价。降低生产成本并根据民用的要求,通过减小扫描速度来提高图像分辨率等措施逐渐发展到民用领域。

20世纪60年代中期,AGA公司研制出第一套工业用的实时成像系统(THV),该系统由液氮致冷,110V电源电压供电,重约35kg,因此使用中便携性很差,经过对仪器的几代改进,1986年研制的红外热像仪已无需液氮或高压气,而以热电方式致冷,可用电池供电;1988年推出的全功能热像仪,将温度的测量、修改、分析、图像采集、存储合于一体,重量小于7kg,仪器的功能、精度和可靠性都得到了显著的提高。

20世纪90年代中期,美国FSI公司首先研制成功由军用技术(FPA)转民用并商品化的新红外热像仪(CCD),属焦平面阵列式结构的一种热成像装置,技术功能更加先进,现场测温时只需对准目标摄取图像,并将上述信息存储到机内的 PC 卡上,即完成全部操作,各种参数的设定可回到室内用软件进行修改和分析数据,最后直接得出检测报告,由于技术的改进和结构的改变,取代了复杂的机械扫描,仪器重量已小于 2kg,使用中如同手持摄像机一样,单手即可方便地操作。

红外热像仪一般分光机扫描成像系统和非扫描成像系统。光机扫描成像系统采用单元或多元(元数有 8、10、16、23、48、55、60、120、180 甚至更多)光电导或光伏红外探测器,用单元探测器时速度慢,主要是帧幅响应的时间不够快,多元阵列探测器可做成高速实时热像仪。非扫描成像的热像仪,如近几年推出的阵列式凝视成像的焦平面热像仪,属新一代的热成像装置,在性能上大大优于光机扫描式热像仪,有逐步取代光机扫描式热像仪的趋势。其关键技术是探测器由单片集成电路组成,被测目标的整个视野都聚焦在上面,并且图像更加清晰,使用更加方便,仪器非常小巧轻便,同时具有自动调焦图像冻结、连续放大、点温、线温、等温和语音注释图像等功能,仪器采用 PC 卡,存储容量可高达 500 幅图像。

红外热电视是红外热像仪的一种。红外热电视是通过热释电摄像管(PEV)接受被测目标物体的表面红外辐射,并把目标内热辐射分布的不可见热图像转变成视频信号,因此,热释电摄像管是红外热电视的光键器件,它是一种实时成像,宽谱成像(对 $3\sim5\mu m$ 及 $8\sim14\mu m$ 有较好的频率响应),具有中等分辨率的热成像器件,主要由透镜、靶面和电子枪三部分组成。其技术功能是将被测目标的红外辐射线通过透镜聚焦成像到热释电摄像管,采用常温热电视探测器和电子束扫描及靶面成像技术来实现的。红外热像仪的主要参数有:

1. 工作波段。它是指红外热像仪中所选择的红外探测器的响应波长区域,一般是 $3\sim5\mu m$ 或 $8\sim12\mu m$。
2. 探测器类型。它是指使用的一种红外器件,采用单元或多元(元数 8、10、16、23、48、55、60、120、180 等)光电导或光伏红外探测器,其采用的元素有硫化铅(PbS)、硒化铅(PnSe)、碲化铟(InSb)、碲镉汞(HgCdTe)、碲锡铅(PbSnTe)、锗掺杂(Ge: X)和硅掺杂(Si: X)等。
3. 扫描制式。一般为我国标准电视制式,PAL 制式。
4. 显示方式。它是指屏幕显示是黑白显示还是伪彩显示。
5. 温度测定范围。它是指测定温度的最低限与最高限的温度值的范围。
6. 测温准确度。它是指红外热像仪测温的最大误差与仪器量程之比的百分数。
7. 最大工作时间。红外热像仪允许连续的工作时间。
8. 所得图像像素范围。
9. 瞬间可见区域。
10. 使用环境要求等。

四、红外热像检测技术的应用

一般被测的物体都辐射红外能量,由于各种缺陷所造成组织结构不均匀性,导致温度场分布的变异,均为红外热像无损检测提供了外部条件。当前,红外热像仪具有 $0.02\sim0.1$℃的温度分辨率,可以广泛应用于温度场变化的精确测量,近代红外热像仪功能较为完善,只要合理的选配和有效地利用光照条件,就能使红外热像检测技术得到充分地发挥。目前红外热像检测技术主要应用于以下几个方面:

1. 建筑物外墙剥离层的检测

建筑物墙体剥离主要有砂浆抹灰层与主体钢筋混凝土局部或大面积脱开,形成空气夹层,通常称为剥离层。砂浆粉饰层剥离,将导致墙面渗漏,大面积的脱落,可能酿成重大事故。因剥离形成的墙身缺陷和损伤,降低了墙体的热传导性,因此,当外墙表面从日照或外部升温的空气中吸收热量时,有剥离层的部位温度变化比正常情况下大。通常,当暴露在太阳光或升温的空气中时,外墙表面的温度升高,剥离部位的温度比正常部位的温度高;相反,当阳光减弱或气温降低,外墙表面温度下降时,剥离部位的温度比正常部位的温度低。由于太阳照射后的辐射和热传导,使缺陷、损伤处的温度分布与质量完好的面层的温度分布产生明显的差异,经高精度的温度探测分辨、红外成像后能直观查出缺陷和损伤的所在,为诊断和评估提供科学依据、具有检测迅速、工作效率高,热像反映的点和区域温度分布明晰易辨等优点。

2. 饰面砖粘贴质量大面积安全扫测

由于长期雨水冲刷,严寒酷热温度效应,或受振冲击,使本来粘贴质量尚可的饰面砖与主体结构产生脱粘。对于施工时"空鼓"粘结性差的面砖则更有脱落的可能。此种危险现象在国内外均时有发生,若伤了人将会造成严重的后果。为此,国外很重视专项扫测检查,国内也已引起了关注。

面层与基体产生脱粘和"空鼓",同样造成缺陷部位的导热性与正常部位的导热件的差异,在脱粘部位,受热升温和降温散热均比正常部位的升温和散热快。这种温度场的差异提供了红外检测的可行性。对大面积非接触墙面的安全质量检测,红外遥感检测技术是很适用的,它可以根据阳光照射墙面的辐射能量,由红外热像仪采集和显示表面温度分布的差异,检测出饰面砖粘贴质量问题,或在使用过程中出现局部脱粘的部位,为检修和工程评估提供确切的依据,对能够防患于未然,具有十分重要的社会效益。

3. 玻璃幕墙、门窗保温隔热性、防渗漏的检测

气密性、保温隔热性检查,是根据房屋耐久性、防渗漏要求提出的,随着生活水平的提高,也是节能的重要课题。冬夏季节室内外温差较大,内外热传导给红外检查门窗气密保温和渗漏性提供了良好的条件。对于构造的漏热,气密性不良部位,其热传导与气密性良好的部位相比,有较明显的差异,其形成的温度场分布也有显然的不同,红外热像仪能形象快速显示和分辨。对建筑保温隔热性进行红外热像的检测工作,可以为施工装配质量检查和节能评估提供科学的依据。由于红外热像检测具有扫测视域广、面积大、非接触快速检测等特点,是其他无损检测方法无法替代的。

玻璃幕墙气密性、防渗漏的检查是一项重要的课题。红外检测技术视域广、非接触快速扫测效率是很适合这种场合的检测任务。但由于玻璃幕墙是低光谱反射材料,检测时应注意太阳光或天空反射的影响,选择通用于被测物的波长仪器。

4. 墙面、屋面渗漏的检查

屋面防水层失效和墙面微裂所造成的雨水渗漏,是一种普遍性的房屋老化或质量问题,也是广大用户十分烦恼的一个社会问题。这种缺陷采用红外检测在国外已有成功的文献报导。屋顶或墙面渗漏、隐匿水层的部位,其水分的热容和导热性与质量正常的周边结构材料的热容和热传导性是不同的。借太阳光照射后的热传导或反射扩散的结果,缺陷部位在表面层的温度场分布与周边表层的温度分布有明显的差异,红外检测技术可以检测出面层的不连续性或水分渗入隐匿部位,从室内热扩散、阳光被吸收和传导的物理现象,给红外热像检测提供了可行的依据。

5. 结构混凝土火灾受损、冻融冻坏的红外检测技术

当前,对结构混凝土火灾的损伤程度和混凝土的强度下降范围,以及混凝土受冻融反复作用的损伤情况还缺乏非破损和快速的有效检测手段,在国内近年来有采用红外热像技术对上述混凝土损伤破坏进行探测研究。

根据混凝土火灾的物理化学反应,导致混凝土表层变为疏松,表面因被直接火烧,其疏松尤为严重,其强度也随着疏松程度而下降;混凝土受冻融作用,出现剥离破坏和局部疏松,以上均导致混凝土的导热性下降。在阳光或外部热源照射后,损伤部位的温度场分布与完好或周边混凝土的温度场分布产生明显的差异。从红外热像显示的"热斑"和"冷斑"比较容易分辨出火烧和冻融破坏的损伤部位。通过模拟试验,还可以建立一定条件下混凝土损伤的程度和灾后强度下降的大致

对应范围,以作为工程实际检测热图像分辨判断的标识指标,半定量探测为工程修复加固处理提供参考,依据基本原理,进行广泛深入的试验,使红外热像技术适应不同的技术条件,提高判别的精度,将是可行、有效的新检测手段。

6. 其他方面

(1) 铁路和公路沿线山体岩层扩坡的监测。国外已采用红外热像技术监测山体岩石的滑移活动,通过拍摄护坡层的温度场变化,预警可能出现坍塌、滑坡的交通事故。

(2) 高温窑炉检测。衬里耐火材料不同程度的磨损或开裂,因导热和泄热在窑炉表层均会造成温度场分布的变异。采用红外热像技术非接触扫查窑炉外壳。显示耐火衬里不同程度的磨损及开裂泄热的部位,为窑炉检修提供必要的科学信息。红外检测仪用于冶炼炉内温度分布变化的观察更是常用的工具。

(3) 节能检测。保温管道,冷藏库的保温绝热的局部失效,而导致泄热,均有温度场分布变异,红外成像技术具有简捷、直观的检查效果。

(4) 电器检测。大至高压电网安全运输,小至集成电路工作故障的检测,在国内外均成了专业的测试手段。

(5) 空间、远距离的红外技术探测。大地的气象动态预报,星球的探测研究,夜幕的军事活动探测,导向攻击均有红外遥感探测技术的应用。

五、红外热像检测技术的相关标准

为规范红外热像法检测建筑外墙饰面层粘结缺陷的技术要求,检测建筑外墙饰面的施工质量和安全性,在中国工程建设标准化协会的支持和指导下,上海市房地产科学研究院和西安市房屋安全鉴定中心合作,编制了《红外热像法检测建筑外墙饰面层粘结缺陷技术规程》(CECS204:2006),并于2006年11月1日起实施。该标准主要内容包括采用红外热像法检测建筑外墙饰面层粘结缺陷的检测流程、检测方法、图像处理和建筑外墙饰面层脱粘空鼓判定,以及检测报告的编写等内容。该标准的发布实施,既对红外热像仪在建筑行业的应用进行了规范,又对红外热像法检测建筑外墙饰面层粘结缺陷工作将发挥重大的指导作用。

思 考 题

1. 什么叫红外热像检测技术?
2. 红外热像检测技术有哪些特点?
3. 红外热像测试的原理?
4. 红外热像仪有哪些主要参数?
5. 目前红外热像检测技术主要应用有哪些?

第五节 雷达检测技术

一、工作原理

雷达作为无线电检测和测距设备,是利用微波波段电磁波探测目标的电子设备。各种雷达的具体用途和结构不尽相同,但基本形式是一致的,包括五个基本组成部分:发射机、发射天线、接收机、接收天线以及显示器。还有电源设备、数据录取设备、抗干扰设备等辅助设备。雷达的信息载体是无线电波。事实上,不论是可见光或是无线电波,在本质上是同一种东西,都是电磁波,传播的速度都是光速 C,差别在于它们各自占据的波段不同。

其原理是雷达设备的发射机通过天线高频电磁波以宽频脉冲形式通过发射天线发射,经目标体反射或透射,被接收天线所接收。高频电磁波在介质中传播时,其路径、电磁场强度和波形将随所通过介质的电性质及集合形态而变化,根据对接受到反射波的旅行时间、频率和振幅等参数进行采集、处理和分析,可确定地下界面或目标体的空间位置、内部结构以及埋藏深度等。

电磁脉冲反射信号的强度与界面的反射系数和穿透介质的波吸收程度有关,一般介质的电性差异大,则反射系数大,因而反射波的能量也大,这就是雷达检测的前提条件,其雷达接受功率的大小计算按公式(3-3):

$$P_R = [P_T G^2 \lambda_0^3 RSL/(4\pi^3) H^4] RSLe^{-4\alpha R} \qquad (3-3)$$

式中 P_T、P_R——发射、接收功率;
G——天线增益;
R、S、H——目标体的反射率、散射面截面面积和深度;
α——土壤衰减率;
L——雷达波从发射到接收过程的散射损耗;
λ_0——介质中雷达波的波长。

从公式(3-3)中可以看出,探地雷达接收到的信号的大小与天线频率、地层的衰减、目标体的深度和反射特征等均有关系,在仪器性能和地下介质一定的情况下,探测深度取决于工作频率和地层的衰减系数。一般天线频率越高,则探测深度越浅,分辨率越高;天线频率越低,则探测深度越深,分辨率越低。

二、仪器设备系统结构

目前国内投入现场检测的地质雷达主要为脉冲时域类型,分为美国"地球物理测量系统公司"(GSSI)生产的 SIR 系列和加拿大"探头及软件公司"(SSI)生产的 EKKO 系列,其基本组成可分为以下四个部分:

1. 天线:其功能是将高频电磁波从地质雷达传输线耦合到传播介质或由传播介质耦合至传输线。
2. 发射机:其功能是产生所需功率电平的高频电磁波。
3. 接收机:其功能是接收微弱的目标信号,并将信号放大到可以使用的电平。
4. 显示器:其作用是将目标信息显示给用户。

三、剖面法测量方法

目前常用的时域雷达测量方式有剖面法、宽角法、环形法、多天线法等,以剖面法结合多次覆盖技术应用最为广泛。剖面法是发射天线(T)和接收天线(R)以固定间距沿测线同步移动的一种测量方式。当发射天线与接收天线间距为零时,亦即发射天线与接收天线合二为一时,称为单天线形式,反之称为双天线形式。剖面法的测量结果可以用地质雷达时间剖面图像表示,其中横坐标记录了天线在地表的位置,纵坐标为反射波双程走时,表示雷达脉冲从发射天线出发经地下界面反射回到接收天线所需的时间。这种记录能够准确描述测线下方地下各反射界面的形态。

由于介质对电磁波的吸收,来自深部界面的反射波会由于信噪比过小而不易识别,这时可应用不同天线距的发射-接收天线在同一测线上进行重复测量,然后将测量记录中相同位置的记录进行叠加,以增强对深部介质的分辨能力。

四、现场量测技术

1. 检测对象的分析

地质雷达检测的成功与否对检测对象和赋存环境的详尽分析直接有关,其中检测对象的深度是一个非常重要的问题。如果对象所处深度超出雷达系统探测距离的50%,则雷达检测方法应予以排除。检测对象的几何形态必须尽可能调查清楚,包括高度、长度与宽度。检测对象的几何尺寸决定了雷达系统可能具有的分辨率,关系到天线中心频率的选用。检测对象的导电率和介电常数等亦需掌握,这将影响到系统对能量反射或散射予以识别。对于岩石介质中的检测,围岩的不均匀性态应限制在一定的范围之内,以免检测对象的响应淹没在围岩性态变化之中而无法识别。最后,检测区域内不应存在大范围金属构件或无线电射频源,以避免外来干扰对检测结果形成严重干扰。

2. 测网布置

检测工作进行之前首先应建立测区坐标,以便确定测线的平面位置,通常遵循以下原则:

(1)检测对象分布方向已知时,测线应垂直于检测对象长轴方向;如果方向未知时,则应布置成方格网;

(2)检测对象体积有限时,只用大网格小比例尺初查以确定目标体的范围,然后用小网格大比例尺测网进行详查,网格大小等于检测体尺寸。

五、数据处理和资料解释方法

1. 数据处理

雷达数据处理的目标是压制随机和规则的干扰,以最大可能的分辨率在图像剖面上显示反射波,提取反射波的各种有用参数,包括振幅、波形、频率等以帮助解释检测成果。由于电磁波理论与反射地震波理论在运动学特征方面,如反射、折射和绕射等相似。因此,雷达检测技术通常是以引进相当成熟的地震处理方法作为其主要处理手段,例如数字滤波技术和偏移绕射处理等。

以工程CT层析成像勘测为例,它采用一发多收(弹性波、电阻率或电磁波),形成收发间射线网络,资料处理时将收发间地质剖面划分成NM个网格。

该方法成像主要计算步骤有:

(1)网格划分,建立初始物理量(波速、电阻率或衰减系数)模型V;

(2)计算理论物理量与实际观测值的残差$\triangle t$;

(3)建立并求解大型稀疏超定或亚定方程(以下以公式弹性波层析成像为例):

$$A\triangle V = \triangle t$$

式中 A——NM阶Jacobi矩阵;

$\triangle V$——M维曼度(速度的倒数)修正列向量;

$\triangle t$——N维走时观测值与理论计算值之差。

(4)计算出$\triangle V$后,对初始波速模型修正,重新代入上述(2)、(3)步,直至实测走时与理论走时之差小于预先给定的一个正数,即可成像输出最终结果。从而可直观地了解孔间介质的波速分布,借以解决地质问题。

工程CT层析成像因为通过同一网络结点的收发路径多,采集的数据量大,其反演结果能比较真实地还原孔间(孔地)介质的物理量(波速、电阻率或衰减系数),所以该方法广泛运用于岩溶、空洞、断层、破碎带等的勘测。

2. 资料解释方法

雷达探测作为一种无损探测技术,由于不能直接观察物质内部,因而具有一定的局限性。对于探地雷达图像的解释要充分消化吸收各种常规资料,对探测工程地点进行仔细观察,并在实践中不断积累经验,只有如此,才能更好的解释探地雷达图像,使其最大限度的接近于实际情况。

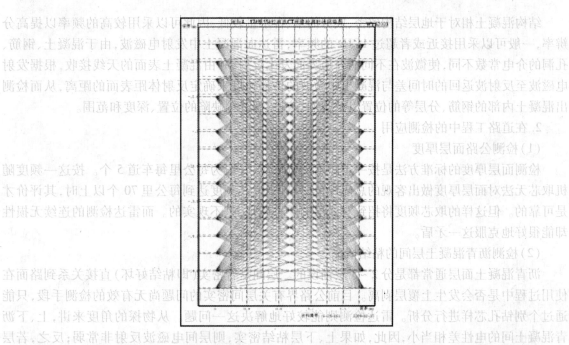

图 3-13 工程 CT 层成像

雷达资料的解释主要依据剖面的反射回波特征,特别是反射回波的同相轴变化以及回波的振幅,一般表现为层状(线性同相轴)、管线状(双曲线同相轴)、洞穴状(双曲线同相轴)等异常特征。

(1)反射层的拾取

地质雷达地质解释的基础是拾取反射层,通常可以从通过地质勘探孔的测线开始,根据勘探孔与雷达图像的对比,建立起各种地层反射波组特征。识别反射波组的标志为同相性、相似性与波形特征等。地质雷达图像剖面是检测资料地质解释的基础图件。只要地下介质中存在电性差异,就有可能在雷达图像剖面中找到相应的反射波与之相对应。根据相邻道上反射波的对比,把不同道上同一反射波相同相位连接起来的对比线称为同相轴。一般无构造区,同一波组有一组光滑平行的同相轴与之对应,这一特性称为反射波组的同相性。

根据反射波组的特征,就可以在雷达图像剖面中拾取反射层,一般是从垂直走向的测线开始,然后逐条测线进行,最后拾取的反射层必须能在全部测线中都能连接起来并保证在全部测线交点上相互一致。

(2)时间剖面的解释

在充分掌握目标体资料、了解测区所处构造背景的基础上,充分利用时间剖面的直观性和覆盖范围特点,统观整条测线,研究重要波组的特征及其相互关系,特别重视特征波的相同轴变化。特征波指强振幅、能长距离连续追踪、波形稳定的反射波,其一般均为不同电性介质分界面的有效波,特征明显,易于识别,通过分析,可以研究获得剖面的主要特点。

六、雷达检测技术在工程中的应用

雷达的优点是白天黑夜均能探测远距离的目标,且不受雾、云和雨的阻挡,具有全天候、全天时的特点,并有一定的穿透能力。因此,它不仅成为军事上必不可少的电子装备,而且广泛应用于社会经济发展(如气象预报、资源探测、环境监测等)和科学研究(天体研究、大气物理、电离层结构研究等)。同样雷达在检测行业的利用也得到了长足的发展,目前主要用于工程雷达检测的主要有地质雷达检测、工程 CT 层析成像勘测等。

1.在混凝土结构检测中的应用

结构混凝土相对于地层结构致密、成分简单、含水量较低,因此可以采用较高的频率以提高分辨率,一般可以采用接近或者超过 1GHz 的频率,雷达向混凝土中发射电磁波,由于混凝土、钢筋、孔洞的介电常数不同,使微波在不同的介质界面发生反射,并由混凝土表面的天线接收,根据发射电磁波至反射波返回的时间差与混凝土中微波的传播速度来确定反射体距表面的距离,从而检测出混凝土内部的钢筋、分层等的位置以及空洞、疏松、裂缝等缺陷的位置、深度和范围。

2. 在道路工程中的检测应用

(1)检测公路面层厚度

检测面层厚度的标准方法是按一定频度随机取芯,一般为每公里每车道 5 个。按这一频度随机取芯无法对面层厚度做出客观的总体评价,只有当取芯频度达到每公里 70 个以上时,其评价才是可靠的。但这样的取芯频度将招致对面层的严重破坏,是不现实的。而雷达检测的连续无损性却能很好地克服这一矛盾。

(2)检测沥青混凝土层间的粘结情况

沥青混凝土面层通常都是分 2~3 层铺设的。层间是否密实(即粘结好坏)直接关系到路面在使用过程中是否会发生上覆层剥离。目前公路界有关层间密实的问题尚无有效的检测手段,只能通过个别钻孔芯样进行分析。雷达检测则能较好地解决这一问题。从物探的角度来讲,上、下沥青混凝土间的电性差相当小,因此,如果上、下层粘结密实,则层间电磁波反射非常弱;反之,若层间粘结不密实,则实际上在层间形成了一个孔隙度较高的过度带,从而使层间反射明显增强。因此,分析层间电磁波反射信号的强弱即可定性甚至半定量地评估上、下层间的粘结情况。

3. 在地下隧道工程中的检测应用

由于隧道施工本身的特点,隧道的初衬和岩石层之间、初衬和二衬之间,如果施工控制不当,容易出现空隙,钢筋的分布也会与设计不符,因此对隧道衬砌施工质量进行检测很有必要。检测内容主要有:隧道衬砌厚度、脱空与空洞、渗漏带、回填密实度等。

4. 在工程物探中的应用

高灵敏度的地质雷达可准确无误地确定各种市政管线的位置,从而可节约大量的时间和费用。该系统可迅速而方便地探测出金属及非金属管线(甚至离得很近的管线)。地质雷达系统能够探察和定位地下被翻动过的土壤、以及沟渠、空穴和结构,而不需与管道相连接。同时系统的精确性可保证使用者十分便捷地绘制出管线图,使得用地质雷达可将探测区域内漏检的可能性减至最小。

5. 地质隐患探测的应用

地质雷达沿预定测线向地下发送一系列超高频电磁波脉冲,这些脉冲在地下遇到电性界面时,就会产生回波脉冲,根据发送脉冲与回波脉冲的时间间隔,就可推算电性界面在地下的埋藏深度。探测回波并求得产生的界面深度,从而推断坝基的深度,以及确定坝基内部是否存在缺陷等,采用该方法探测堤坝隐患,速度快、效率高,特别是野外工作时间短,所以得到大量的推广和应用。

七、雷达检测技术的局限性

由于雷达检测是依靠电磁波在介质中的传播来采集数据并加以处理得出结论,然而在实际使用中所检测的对象内部往往是多种介质并存,所检对象的形态没有理论上规则,周边有可能存在干扰电场等影响检测的因数,故而导致检测结果存在误差,检测人员在实际检测中需要丰富的理论知识、尽可能充分地了解所检测目标介质的性状、还要具备准确的判断力,所以雷达检测技术对检测人员的综合素质要求非常高。

思 考 题

1. 雷达检测技术的基本工作原理是什么?
2. 列出目前常用的时域雷达测量方式,并简单地介绍剖面法测量方法。
3. 在现场量测中应如何对检测对象进行分析?
4. 在雷达资料的解释过程中,应如何拾取反射层?
5. 雷达检测技术的优点和局限性分别是什么?并列举雷达检测技术广泛地应用于哪些工程中。

第六节 光纤传感器在工程检测中的应用

一、基本概念

光纤传感器是最近几年出现的新技术,可以用来测量多种物理量,比如应变、压力、温度、角速度、加速度等,还可以完成现有测量技术难以完成的测量任务。在狭小的空间里,在强电磁干扰和高电压的环境里,光纤传感器都显示出了独特的能力。由于光纤传感器灵敏度高,精确,适应性强,受干扰小,可以同被测介质很好地结合等特点,目前光纤传感器在土木工程中的应用越来越受到关注。

二、光纤传感器及其特点

光纤最早在光学行业中用于传光和传像,在20世纪70年代初生产出低损耗光纤后,光纤在通信技术中用于长距离传递信息。光纤不仅可以作为光波的传输媒质,而且当光波在光纤中传播时,表征光波的特征参量(振幅、相位、偏振态、波长等)因外界因素(如温度、压力、磁场、电场、位移等)的作用而间接或直接地发生变化,从而可将光纤用作传感元件来探测各种待测量(物理量、化学量和生物量等),这就是光纤传感器的基本原理。光纤传感器可以分为传感型和传光型两大类。利用外界因素改变光纤中光波的特征参量,从而对外界因素进行计量和数据传输的传感器,称为传感型光纤传感器,它具有传感合一的特点,信息的获取和传输都在光纤中进行。传光型光纤传感器是指利用其他敏感元件测得的特征量,由光纤进

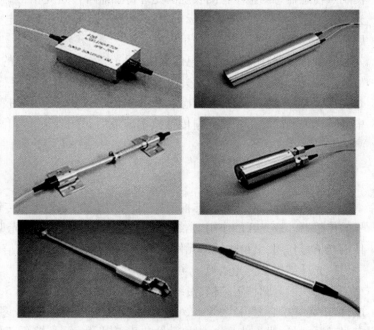

图3-14 光纤传感器
(a)加速度传感器;(b)倾角仪;(c)应变传感器;
(d)压力传感器;(e)位移计;(f)温度传感器

行数据传输,它的特点是充分利用现有的传感器,因而便于推广应用。这两类光纤传感器都可再分成光强调制、相位调制、偏振态调制和波长调制等几种形式。

图 3-14 是各类常用的光纤传感器。

与传统的传感器（热电偶、热电阻、压阻式、振弦式、磁电式）相比，光纤传感器具有独特的优点：

1. 抗电磁干扰、电绝缘、耐腐蚀。由于光纤传感器是利用光波传输信息，而光纤又是电绝缘、耐腐蚀的传输媒质，并且安全可靠，这使它可以方便有效地用于各种大型机电、石油化工、矿井等强电磁干扰和易燃易爆等恶劣环境中。

2. 灵敏度高传输距离远。光纤传感器的灵敏度优于一般的传感器，其中有的已由理论证明，有的已经实验验证，如测量水声、加速度、辐射、磁场等物理量的光纤传感器，测量各种气体浓度的光纤化学传感器和测量各种生物量的光纤生物传感器等。

3. 重量轻、体积小、可挠曲。光纤除具有重量轻、体积小、结构简单的特点外，还有可挠曲的优点，因此可以利用光纤制成不同外型、不同尺寸的各种传感器。这有利于航空航天以及狭窄空间的应用。

4. 测量对象广泛。比如声场、电场、压力、温度、角速度、加速度等，还可以完成现有测量技术难以完成的测量任务。目前已有性能不同的测量各种物理量、化学量的光纤传感器在现场使用。

5. 对被测介质影响小，有利于在生物、医药卫生等具有复杂环境的领域中应用。

6. 使用寿命长，便于复用，便于成网，有利于与现有光通信设备组成遥测网和光纤传感网络。

7. 性价比高。相对电阻应变片或其他的激光技术，光纤传感有更合理的性价比。

光纤传感器技术设备的区分是基于光调变方式不同。光传感器可以是内置也可以是外置的，取决于光纤是用于感测还是传输信息。如感测距离分布在不连续的区域内，它们能够作为"点"传感器；如果一个传感器能够不间断地感测整个检测长度，称为"分布式"传感器；"半分布式"传感器使用点传感器感测整个检测长度。光纤传感器可传送光信号，并且可以通过映射光纤端面来反向光信号。因此，光纤传感器实际上是一种传感设备。它不像电子应变仪、压电式传感器等传统传感器那样局限于单一的配置和工作方式。

光纤传感器，用光作为信息的载体，用光纤作为传递信息的介质，具有灵活轻巧、抗电磁干扰、耐久性好、传输带宽大等优点，并可沿同一根光纤复用多个传感器，实现对结构的准分布式监测，是实现桥梁健康监测的理想传感装置。本文介绍了光纤传感技术的基本原理，并详细地介绍了其中最具优势的光纤布拉格光栅传感技术。最后对国外近 10 年来采用光纤传感技术，进行桥梁监测的典型工程实例作了归纳。

三、测试原理

光纤传感器是以光学量转换为基础，以光信号为变换和传输的载体，利用光导纤维输送光信号的传感器。按光纤的作用，光纤传感器可分为功能型和传光型两种。功能型光纤传感器既起着传输光信号作用，又可作敏感元件；传光型光纤则仅起传输光信号作用。

1. 光纤结构及传光原理

光纤一般为圆柱形结构，由纤芯、包层和保护层组成（图 3-15）。纤芯由石英玻璃或塑料拉成，位于光纤中心，直径为 $5\sim75\mu m$；纤芯外是包层，有一层或多层结构，总直径在 $100\sim200\mu m$ 左右，包层材料一般为纯 SiO_2 中掺微量杂质，其折射率 n_2 略低于纤芯折射率 n_1；包层外面涂有涂料（即保护层），其作用是保护光纤不受损害，增强机械强度，保护层折射率远远大于 n_2。这种结构能将光波限制在纤芯中传输。

2. 光纤光栅传感器（FBG）的工作原理

光纤光栅传感器（FBG）技术是通过对在光纤内部写入的光栅反射或透射布拉格波长光谱的检测，来实现被测结构的应变和温度量值的绝对测量。而 FBG 的反射或透射波长光谱主要取决于

光栅周期 λ_B 和纤芯的有效折射率 n_{eff}，任何使这两个参量发生改变的物理过程都将引起光栅布拉格波长的漂移。在所有引起光栅布拉格波长漂移的外界因素中，最直接的是应变参量，因为无论是对光栅进行拉伸还是压缩，都势必导致光栅周期的变化，并且光纤本身所具有的光弹效应使得有效折射率 n_{eff} 也随外界应变状态的变化而变化，如图 3-15 所示。

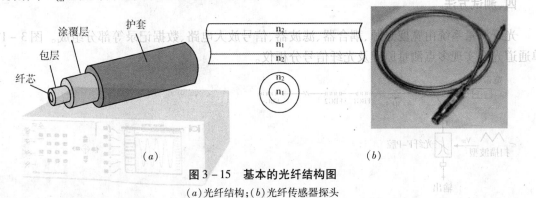

图 3-15 基本的光纤结构图
(a)光纤结构；(b)光纤传感器探头

图中纤芯的明暗变化代表了折射率的周期变化。当光纤的入射光波的波长满足布拉格衍射条件：

$$\lambda_B = 2n_{eff} \cdot \Lambda \qquad (3-4)$$

式中 λ_B——布拉格波长；
n_{eff}——有效纤芯的折射率。

Λ 为布拉格传感器光栅的栅距时，该波长的光波将沿来路发生反射，该反射光就是布拉格反射光。当使用一个宽带光源从 FBG 一端入射，则波长满足(3-4)式的光波就会发生布拉格反射，而其余波长的光波仍然照常传播。在图 3-16 给出的布拉格光栅的工作原理图中可以看到，宽带光源的输入光谱在通过 FBG 传感器 1 后，形成了波谷峰值为 λ_{B1} 的凹陷，而反射光谱则具有波峰 λ_{B1}。

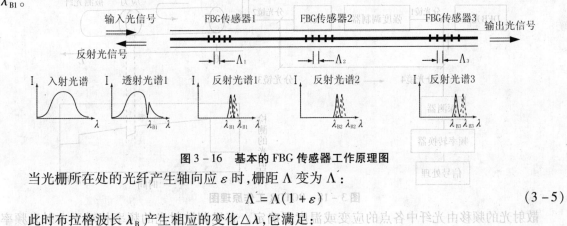

图 3-16 基本的 FBG 传感器工作原理图

当光栅所在处的光纤产生轴向应变 ε 时，栅距 Λ 变为 Λ'：

$$\Lambda' = \Lambda(1+\varepsilon) \qquad (3-5)$$

此时布拉格波长 λ_B 产生相应的变化 $\triangle\lambda$，它满足：

$$\triangle\lambda/\lambda_B = (1-P_e)\varepsilon \qquad (3-6)$$

式中 P_e——有效光弹系数，它的值约为 0.22。

温度变化会引起光纤折射率的变化，同时也会引起栅距的变化，当温度变化为 $\triangle T$ 时，将引起布拉格波长 λ_B 产生移动 $\triangle\lambda$，可以表示为：

$$\triangle\lambda/\lambda_B = (\alpha + \zeta) \cdot \triangle T \qquad (3-7)$$

式中 α——光纤的热膨胀系数，$\alpha = 0.55 \times 10^{-6}$；
ζ——光纤的热光系数，$\zeta = 8.3 \times 10^{-6}$。

由(3-6)、(3-7)两式得到同时考虑应变 ε 与温度变化 $\triangle T$ 时，所引起的波长移动 $\triangle\lambda$：

$$\triangle\lambda/\lambda_B = (1-P_e)\varepsilon + (\alpha+\zeta)\cdot\triangle T \tag{3-8}$$

由此可知,只要测出布拉格波长 λ_B 的变化 $\triangle\lambda$,就可以得到外界的应变或温度扰动;而采用一些目前已成熟的方法,用同一个 FBG 传感器,还可以同时测出应变与温度扰动。

四、测试方法

光纤测量系统由宽度光源、耦合器、滤波器、信号放大电路、数据记录等部分组成。图 3-17 为单通道光纤实现多点测量原理及光纤信号分析仪。

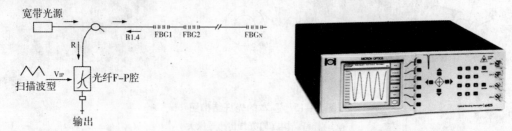

图 3-17 单通道光纤实现多点测量原理及光纤信号分析仪

应变测量的主要方法有相移法和脉冲时延法。前者是检测光纤传感器发生应变前后的相位变化,后者是检测光纤传感器发生应变前后的时延,它们均采用回路测量(头尾两端),测量整个被测光纤线路上的平均应变。现在较为先进的光纤测试仪采用的是检测布里渊散射频率的漂移,称 BOTDR 法,它非常方便地从光纤的一端进行长距离高分辨力测量,并能分析整个线路上每一传感器的应变分布。图 3-18 为 BOTDR 工作原理图,图中 DFB 提供的一相干光通过强度调制器和放大器,形成大功率脉冲光源注入被测的光纤传感器光路中,返回的布里渊散射光信号,经过分光镜 1~4 的作用,输入光与散射光相拍,再经探测器、频率转换器变成可处理的信号,经数据采集和 DSP 信号处理得到光纤中的应变、温度分布。

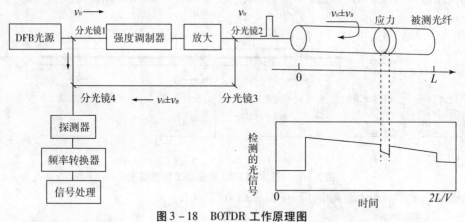

图 3-18 BOTDR 工作原理图

散射光的频移由光纤中各点的应变或温度所确定。布里渊散射光的频率相对于入射光频率发生的漂移称为布里渊频移,可表示为:

$$V_B = 2nV_A/\lambda \tag{3-9}$$

式中 n——折射率;
V_A——声波速度(光纤的典型值为 6km/s);
λ——入射光波长。

布里渊频率漂移 V_B 与应变和温度的变化成正比,可表示为

$$V_B = V_0(1+Cx) \tag{3-10}$$

式中 V_0——没有应变或常温下的布里渊频移;

C——频移的应变系数(493MHz/‰)或温度系数(1MHz/℃);

x——应变 ε 或温度 T。

通过测出不同应变或温度下的频移便可计算出相应的应变和温度值。

BOTDR 测试仪体积较小,携带方便,操作便捷,智能化程度高,因而在光纤、光缆监控方面的应用日益广泛,如石油管道测量、桥梁和高速公路桥的应力监控、大楼应力监控和山脉坡度监控等。

五、工程应用

由于光纤传感器具有高灵敏度、耐腐蚀、抗干扰、体积小等优点,使用范围广泛,可以检测温度、压力、角位移、电压、电流、声音和磁场等多种物理量。目前,光纤光栅传感器主要用于对工程结构中的应力、应变、温度参数以及对结构徐变、裂缝、整体性等结构参数的实时在线监测,实现对工程结构内多目标信息的监控和提取。目前工程上主要有以下几个方面应用:

1. 桥梁、大坝长期健康安全监测

光纤传感器主要用来测试桥梁的预应力松弛,交通荷载下的响应,变形测量、温度测量、结构动态响应等。如山西汾河斜拉大桥采用光纤光栅健康监测系统为该桥进行长期健康监测。该桥共设了60多个监测点,同时对桥梁的应变和温度进行实时在线检测。

2. 大型建筑、钢结构、飞机、轮船、石油平台、输油管道、混凝土、锅炉等的应力应变及温度测量和监控。

如:国家西气东输结构监测工程,南京邮政指挥中心工程等多项工程使用光纤传感系统进行健康安全监测。

3. 温度监测

如:电力输送系统异常温升监测。中国电力科学研究院的高压开关研究所进行了高压开关柜的测温试验,现场安装了12个光纤光栅温度传感器,分别对开关柜的动触点与静触点同时进行监测。

4. 光纤光栅传感器还被用于测量材料的失效、混凝土结构的碳化深度检测、裂缝的展开检测等。

光纤传感技术代表了新一代传感器的发展趋势。光纤传感器产业已被国内外公认为最具有发展前途的高新技术产业之一,它以技术含量高、经济效益好、渗透能力强、市场前景广等特点为世人所瞩目。

思 考 题

1. 与传统的传感器(热电偶、热电阻、压阻式、振弦式、磁电式)相比,光纤传感器具有哪些独特的优点?
2. 光纤测量系统由哪几部分组成?
3. 目前,光纤传感器在工程上主要有哪些方面的应用?
4. 按光纤的作用,光纤传感器可分为哪两种类型?各种类型的传感器起着什么作用?

第七节　混凝土灌注桩钢筋笼长度检测技术

长期以来,混凝土灌注桩施工以后其钢筋笼的长度没有检测方法,导致成桩以后的钢筋笼长度,从技术上无法实施确认。新编制的《灌注桩钢筋笼长度检测技术规程》,被江苏省建设厅批准为地方标准,代号为 DJG32/T 60-2007。本规程规定了混凝土灌注桩钢筋笼长度的检测方法。

一、影响混凝土灌注桩钢筋笼长度的主要因素

在混凝土灌注桩施工时,钢筋笼放置由于不导正,钢筋笼放歪,卡在井壁某个部位,导致下部钢筋笼深度不够。在岩土条件比较复杂的嵌岩桩地段,由于每一根桩的长度可能不一样,施工时,钢筋笼比较容易被张冠李戴,造成成桩后的钢筋笼非长即短。对于设计的半笼桩型,由于种种原因,也容易出现短斤少两的问题,致使钢筋笼长度达不到设计要求。

二、检测原理

检测灌注桩钢筋笼长度的方法分为两种:一是充电法,二是磁测井法。

1. 充电法方法原理

由于钢筋笼是经过焊接后形成的一个整体,同时又是一个绝好的良导体,在顶部位置供给一个稳定的直流电压,就能在整个钢筋笼上产生一个等电位体,在其周围形成一个稳定的电场强度,这个电场强度,随着离等电位体距离的增加而迅速衰减,在距灌注桩边缘外侧 0.5m 左右的位置,布设一个钻孔,钻孔的中心线平行于桩身中心线,也可在灌注桩中心的混凝土中布设钻孔。检测时,在给钢筋笼接上稳定的电压后,测量钢筋笼边缘外侧或钢筋笼中心处不同深度的电位差和电位梯度,当深度测到钢筋笼底部以后,所测得的电位差将骤然下降,电位梯度将迅速升高,在钢筋笼底部形成极大值;根据深度 – 电位($H-V$)曲线和深度 – 电位梯度($H-dV/dH$)曲线的变化,就能确定钢筋笼的实际长度。

2. 磁测井法方法原理

众所周知,钢筋是铁磁性物质,在地磁场的作用下,能产生极其强烈的磁化效应,钢筋周围就能形成一个很强的磁化磁场,在钢筋笼一端形成一个正极性的磁化磁场,另一端形成一个负极性的磁化磁场,测定其钢筋笼周围磁场强度的垂直分量($H-Z$)曲线的变化规律,就能确定钢筋笼的底部位置。

三、仪器设备

1. 充电法所需仪器设备

(1)使用深度编码器自动记录深度,深度分辨率≤5cm,可检测深度≥150m。(2)电源电压 >140V,发射功率 >140W。(3)具有电极反接保护、电流过放保护功能。(4)具有实时显示深度 – 电位曲线以及深度 – 电位梯度曲线的功能。如 JGS – 1B 型智能工程测井系统和 DDC – 6 型电子自动补偿仪等能满足要求。

2. 磁测井法所需仪器设备

具有测量范围为 – 99999 ~ +99999nT 的井中磁力仪,如 JCX – 3 型三分量井中磁力仪。

四、检测方法

1. 充电法检测方法

该方法适用于桩头处有暴露钢筋的灌注桩钢筋笼长度的检测。检测前,在距灌注桩边缘外侧 0.5m 左右的位置,布设一个钻孔,钻孔的中心线平行于桩身中心线,即孔桩距沿桩的纵向保持不变,并尽量沿主筋位置钻孔;也可在灌注桩中心的混凝土中布设一个平行于桩身中心线的钻孔。钻孔内径宜在 6 ~ 9cm,孔深大于钢筋笼底设计深度 3m 处;当钻孔周围存在软弱土层时,为防止塌孔,宜在钻孔中设置滤网、壁上有孔的 PVC 管,PVC 管内径宜大于6cm;当地下水位较深时,应在钻孔中注水,以使电极与孔壁能够有较好的接触。检测时,将供电电极 A(正极)连接在钢筋笼的某根钢筋上,B 级(负极),设置在不小于 5 倍钢筋笼设计长度的地方与地面接触。测量电位差的电

极 N 宜设置在桩顶某根钢筋上,另一测量电极 M 极通过深度编码器放入钻孔中。当供电回路和测量回路形成并连接好仪器以后,供电后逐点进行系统测量。

2. 磁测井法检测方法

在距灌注桩边缘外侧 0.5m 左右的土中,布设一个钻孔,钻孔的中心线平行于桩身中心线,即孔桩距沿桩的纵向保持不变;也可在灌注桩中心的混凝土中布设一个平行于桩身中心线的钻孔。钻孔内径宜在 6~9cm,孔深大于钢筋笼底设计深度 3m 处;当钻孔周围存在软弱土层时,为防止塌孔,宜在钻孔中设置 PVC 管,PVC 管内径宜大于 6cm;检查钻孔或 PVC 管的畅通情况,井下控管应能在全程范围内升降顺畅。检测时,将控管放入测试孔中,以 10~50cm 的采样间距从下往上或自上而下地进行 Z 分量磁场强度的测量,记录并绘制 ($H-Z$) 曲线图。

五、检测数据的分析与判定

根据实测曲线,取 ($H-V$) 曲线的拐点和电位梯度 ($H-\mathrm{d}V/\mathrm{d}H$) 的极值点,确定钢筋笼底部深度。根据 ($H-Z$) 曲线的变化规律,收集当地地磁场强度和地磁倾角等信息,根据 Z 分量的异常变化,确定钢筋笼底端深度,精度优于 1m;如果钻孔位置与钢筋笼的水平距离更小,检测、分析经验丰富,端底部测点间距更小些,精度可以优于 0.5m。

思 考 题

1. 影响混凝土灌注桩钢筋笼长度的主要因素有哪些?
2. 检测灌注桩钢筋笼长度的方法有哪两种?检测原理分别是什么?
3. 充电法检测灌注桩钢筋笼长度应注意哪些问题?

第八节 桩承载力的荷载自平衡测试方法

桩基础的两种传统静载试验方法,一是堆载法,二是通过锚桩、荷载大梁和加载千斤顶组合加载法。其优点是荷载直接明确,所获得的桩承载力准确可靠。但存在的主要问题是,首先必须解决几百吨甚至数千吨的堆放荷载的来源和堆放场地,后者必须解决荷载反力装置(锚桩和荷载大梁等),两者既费工、费时,而且所需费用昂贵。近十几年来国内外开发和推广应用了一种新的桩承载力荷载自平衡试验方法,与上述传统的荷载试验法相比不仅试验效果好,而且投资费用省。

一、荷载自平衡测桩法的原理和特点

1. 测试原理

荷载自平衡法测桩原理见图 3-19。自平衡测桩法的主要装置是一种经特别设计和制作的用于加载的油压千斤顶(或称荷载箱),制桩时将千斤顶与钢筋笼焊在一起埋入地下设计预定深度,然后浇筑混凝土成桩,待混凝土达到设计强度后,通过油泵给千斤顶加压,由千斤顶对桩的反作用力就可获得桩的承载力。另外在沿试验桩上下各部位布置应变和位移测点,同时可获得桩上下方向的位移量和桩顶端至桩各深度位置的应变和位移量。根据测量结果,还可以求出桩各部位的周围摩擦力与变位量的关系,千斤顶荷载与

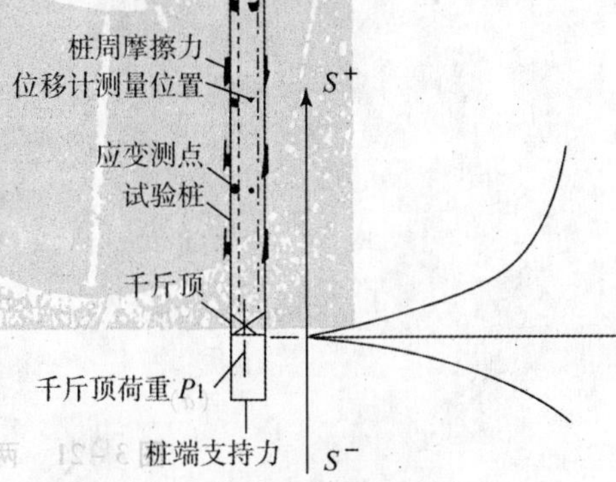

图 3-19 荷载自平衡试验法原理示意图

桩上下变位量的关系,桩的承载力与沉降的关系等。

2. 荷载自平衡测桩法的主要特点

(1)试验装置简单,可以省去以往荷载试验法的大量堆载材料和荷载反力装置,操作方便,安全可靠;

(2)试验场地和占据空间小;

(3)桩的承载力和桩周围摩阻力可分开测定,并同时可测出试桩各阶段荷载-位移曲线;

(4)试验费用节省,尽管试验千斤顶为一次性使用,不回收,但与传统荷载试验法相比,根据荷载大小和地质条件的不同,其费用可节省30%左右;

(5)该方法适应性强。凡传统试桩法难以进行的试验,如超大吨位(5000t以上)试桩、水上试桩、基坑底试桩、斜桩、抗拔桩等,该方法均能进行。

二、试验专用加载油压千斤顶的设计与种类

由于试桩的尺寸和加载吨位各不相同,必须根据具体试桩条件专门设计。目前国内外常用的千斤顶形式和种类如图3-20所示。分为回收型和非回收型2大类。回收型千斤顶适用于空心桩,试验后通过桩的中间孔回收,一般设计成爪型,这种千斤顶稍加整修后可重复使用。非回收型千斤顶与桩尖组合在一起送入土中,试验后不能回收,兼作桩靴用。我国目前应用的多数是非回收型。

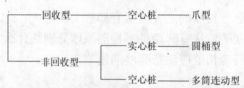

图3-20 试验加载千斤顶种类

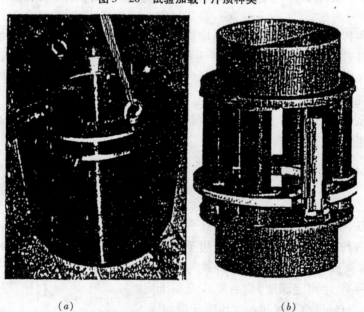

图3-21 两种非回收型加载千斤顶形式

(a)圆桶型千斤顶;(b)多筒连动型千斤顶

三、试桩加载千斤顶(荷载箱)的放置技术

试桩加载千斤顶的放置位置,根据工程实践、理论分析和试桩经验设置。东南大学地下工程

研究所根据桩的不同类型和不同土质情况对千斤顶在桩中的埋设位置进行了系统研究,归纳出以下几种埋设位置,如图3-22所示,同时还编制了相应的测桩软件,供用户选用。

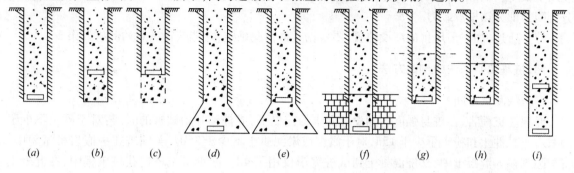

图3-22 加载千斤顶(荷载箱)放置部位

图3-22(a)是一般常用位置,即当桩身成孔后先在底部稍作找平,然后放置荷载箱。此法适用于桩侧阻力与桩端阻力大致相等的情况,或端阻力大于侧阻而试桩目的在于测定侧阻极限值的情况。如南京长江二桥服务区综合楼,采用钻孔灌注桩,桩预估端阻力略大于侧阻力,摆放在桩端进行测试。

图3-22(b)是将荷载箱放置于桩身中某一位置,此时如位置适当,则当荷载箱以下的桩侧阻力与桩端阻力之和达到极限时,荷载箱以上的桩侧阻力同时达到极限值。如云南阿墨江大桥,荷载箱摆在桩端上部25m处,这样上、下段桩的承载力大致相等,确保测试中顺利加载。

图3-22(c)为钻孔桩抗拔试验的情况。由于抗拔需测出整个桩身的阻力,故荷载箱必须摆在桩端,而桩端处无法提供需要的反力,故将该桩钻深,使加长部分桩侧阻力及桩端阻力能够提供所需的反力。正在进行的某塔架抗拔桩试验即采用该法。

图3-22(d)为挖孔扩底桩抗拔试验的情况。如江苏省电网调度中心挖孔桩工程,抗拔桩为挖孔扩底桩,荷载箱摆在扩大头底部进行抗拔试验。

图3-22(e)适用于大头桩或当预估桩端阻力小于桩侧阻力而要求测定桩侧阻力极限值时的情况,此时是将桩底扩大,将荷载箱置于扩大头上。如北京西路南京军区居民房工程。该场地5m下面软、硬岩相交替,挖孔桩侧阻力相当大,故荷载箱置于扩大头上进行测试。江浦农行综合楼采用夯扩桩,荷载箱摆在夯扩头上进行测试。

图3-22(f)适用于测定嵌岩段的侧阻力与桩端阻力之和。此法所测结果不致于与覆盖土层侧阻力相混。如仍需覆盖土层的极限侧阻力,则可在嵌岩段试验后浇灌桩身上段混凝土,然后再进行试桩。如南京世纪塔挖孔桩工程。设计要求测试出嵌岩段侧阻力与端阻力,因此荷载箱埋在桩端,混凝土浇灌至岩层顶部。

图3-22(g)适用于当有效桩顶标高位于地面以下有一定距离时(如高层建筑有地下室情况),此时可将输压管及位移棒引至地面方便地进行测试。如南京多媒体大厦,采用冲击钻孔灌注桩,三层地下室底板距地面14m,预估该段桩承载力达8MN,而整桩预估承载力高达40MN。浇捣桩身混凝土至底板下部,测试结果消除了多余桩身的影响。

图3-22(h)若需测定两个或两个以上土层的侧阻极限值,可先将混凝土浇灌至下层土的顶面进行测试而获得下层土的数据,然后再浇灌至上一土层,进行测试,依次类推,从而获得整个桩身全长的侧阻极限值。如江苏省电网调度中心挖孔桩工程。荷载箱摆在桩端,上部先浇2.5m混凝土,测出岩石极限侧阻力后,上部再浇混凝土,测桩端承载力及后浇桩段的承载力。

图3-22(i)采用2只荷载箱,1只放在桩下部,1只放在桩身上部,便可分别测出三段桩极限承载力。如润扬长江公路大桥世业洲高架桥钻孔桩。桩径1.5m,桩长75m,1只荷载箱距桩顶

63m，另1只荷载箱摆在20m处，由于地震液化的影响，上部20m的砂土层侧阻力必须扣除。故首先用下面1只荷载箱测出整个桩承载力，再用上面1只荷载箱测出上部20m桩侧阻力，扣除该部分侧阻力即为该桩承载力。

综上所述，加载千斤顶的埋设位置，要根据具体情况确定，才能获得满意的测桩效果。

四、桩基自平衡法的测试方法

1. 桩的测试时间

对灌注桩而言，在桩身强度达到设计要求的前提下，成桩到开始试桩的时间：对于砂土不少于10d，对于黏性土和粉土不少于15d，对于淤泥或淤泥质土不少于25d。美国曾在一嵌岩桩试验中，将早强剂掺入混凝土中，从浇混凝土到试桩完毕仅用了4d。南京世纪塔挖孔桩工程中，在混凝土中也掺入早强剂，从浇捣混凝土至试桩结束，仅用了7d时间。

2. 桩的加载方法

加载方法可采用慢速维持荷载法也可采用快速维持荷载法，加载时按桩基承载力设计荷载分级施加。

五、桩极限承载力的确定方法

1. 根据量测位移随荷载的变化特性确定极限承载力

由 $Q-S$ 曲线中取曲线发生明显拐弯处的起点；对于缓变形 $Q-S$ 曲线，上段桩极限侧阻力取对应于向上位移 $S^{\pm}=40\sim60mm$ 的荷载；下段桩极限值取 $S^{\mp}=40\sim60mm$ 的荷载，或大直径桩的 $S=(0.03\sim0.06)D$ 的对应荷载。

2. 根据实测沉降量随时间的变化特征确定极限承载力

取 $S-\log t$ 曲线尾部出现明显弯曲的前一级荷载值。

根据上述准则，可求得桩上、下段承载力实测值 Q_u^+ 和 Q_u^-。由于应用上述方法，其千斤顶上部桩身自重方向与桩侧摩阻力方向是一致的，故在制定桩侧阻力时应扣除。关于桩的摩阻力，我国是将向上和向下的摩阻力按土质不同划分的。对于黏土层向下摩阻力为0.6~0.8倍向上摩阻力；对于砂土层向下摩阻力则为0.5~0.7倍向上摩阻力。因此，按我国桩基规范，桩抗压极限承载力 Q_{uk} 可按下式计算确定：

$$Q_{uk}=\frac{Q_u^+ - G_p}{\lambda}+Q_u^- \qquad (3-11)$$

式中 Q_u^+ 和 Q_u^- ——分别为桩上、下段极限承载力实测值(kN)；

G_p ——千斤顶上部桩自重(kN)；

λ ——与摩阻力有关的系数，对于黏土、粉土 $\lambda=0.8$，对于砂土 $\lambda=0.8$。

对于实际工程应用而言，这样的计算已具有足够的精度。

目前国外对该法测试值如何判定抗压桩承载力的方法也不相同。有些国家将上、下两段实测值相叠加得出抗压极限承载力，这样做偏于安全。也有的国家将上段桩摩阻力乘以大于1的系数再与下段桩叠加得出抗压极限承载力。

六、荷载自平衡法的测桩实例

【例3-1】 日本北陆新干线，高崎—轻井泽之间的高架桥施工时，其地域为砂砾地基土，桥墩基础采用混凝土灌注桩，直径 $D=1.0m$，桩深度 $L=13.5m$。

桩的承载力试验采用荷载自平衡法(图3-24所示)和标准荷载试验法(传统的锚桩—千斤顶加载法)同时进行，图3-23所示。以作试验结果对比。

图 3 – 23　标准载荷试验装置图　　　　图 3 – 24　荷载自平衡试验装置

通过两种测桩方法的对比,得到如下试验结果:

1. 图 3 – 25 为荷载自平衡试验法的千斤顶荷重与上直方向变位量的关系。由图中可以看出,向上位移曲线出现拐点时的千斤顶荷重 6000kN 时桩的上方向变位为 57mm,桩的下方向变位为 117mm;

2. 图 3 – 26 为荷载自平衡法测桩的轴力分布情况,由图中可以看出,在深度 7m 时出现突变,表明 7m 以下砂砾层桩周围的摩擦力随深度增大而增大。

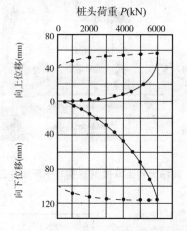 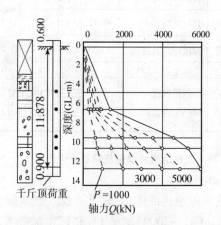

图 3 – 25　千斤顶荷重—位移曲线　　　　图 3 – 26　自平衡法试验桩的轴力分布

3. 图 3 – 27 为 3 根相同类型的桩采用 2 种试验方法对比试验,其桩荷重与沉降量曲线的比较,由图中可以明显的看出,其桩基强度的偏离平均值,两种试验法的差别不大,说明荷载自平衡测桩法的测试结果是满足要求的。

【例 3 – 2】镇江润扬长江公路大桥南汊悬索桥主跨 1490m,是目前中国第一,世界第三大跨度悬索桥。南汊桥南塔塔址土层为长江冲淤积沉积物,工程地质情况复杂,如图 3 – 28 所示。南塔基础初步设计采用 32 根直径 2.8m 大直径混凝土灌注桩,设计单桩承载力为 120MN(1200t)。通过静载试验,确定单桩极限承载力、分层岩土摩擦力、桩端摩阻力、桩基沉降量等。由于采用常规堆载法和锚桩 – 千斤顶加载法无法测试桩的承载力,决定采用荷载自平衡法进行测试。试桩的钢筋笼与加载千斤顶安装如图 3 – 29 所示。

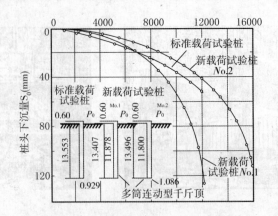

图 3-27 桩头荷重—沉降曲线的比较

图 3-28 工程地质柱状图及钢筋计位置　　图 3-29 润扬大桥南塔试钢筋笼与千斤顶安装现场

(1) 试桩概况

加载采用慢速维持法、分级加载。测试按《公路桥涵施工技术规范》(JGJ 041—2000)附录13.3"试桩加载方法"和江苏省地方标准《桩承载力自平衡测试技术规程》(DB32/T 291—1999)中有关规定进行。荷载共分15级，最大加载值为120MN(1200t)。位移观测：每级加载后在第1h内分5、10、15、30、45、60min测读一次，以后每隔30min测读一次。

(2) 实测结果

由现场实测数据绘制的加载千斤顶处荷载-位移(Q-S)曲线如图3-30所示；加载时桩身轴力分布曲线和桩侧摩擦阻力分布曲

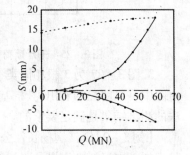

图 3-30 试桩自平衡测试曲线

线如图3-31所示；图3-32和图3-33给出桩侧摩阻力与变位曲线及桩端摩阻力变化曲线。

根据图3-30(Q-S)曲线，加载千斤顶上下部分土层在最后一级荷载下均未达到极限值。表明单桩极限承载力完全满足要求。

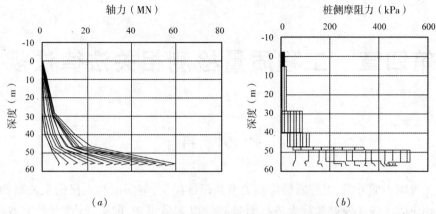

图 3-31　自平衡试桩轴力分布曲线及摩阻力分布曲线
(a)轴力分布曲线；(b)摩阻力分布曲线

图 3-31(a)加载时桩身轴力分布曲线与传统堆载轴力分布曲线原则上一致，即加载处轴力最大。由于土摩阻力的作用，桩身轴力随着距离加载千斤顶距离增大而减小。

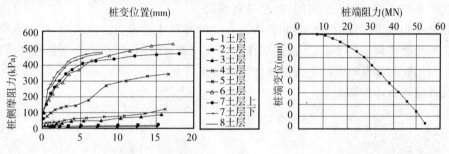

图 3-32　桩侧摩阻力与变位曲线　　　　图 3-33　桩端摩阻力变化曲线

思 考 题

1. 桩基础的 2 种传统静载试验方法？存在哪些优缺点？
2. 荷载自平衡测桩法的原理和特点？
3. 试验专用加载油压千斤顶主要有哪两种？各自特点？
4. 对于砂土、黏性和粉土、淤泥或淤泥质土，成桩到开始试桩的时间是如何规定的？
5. 桩极限承载力的确定方法？

第四章 工程质量检测相关法律法规

一、引 言

　　俗话说无规矩不成方圆,工程质量检测关系到国计民生,与国家和人民的生命财产密切相关,自然也需要相应的法律法规对其行为进行监督和约束。多年来,国家、行业及地方政府出台了很多与工程质量检测相关的法律法规,对规范工程质量检测行为、保障建设工程质量、维护国家和广大人民群众的利益起到了良好和有效的作用。这些法律法规是指导我们正确规范开展工程质量检测工作的有力保障,是我们所有从事工程质量检测的机构和人员必须遵守和执行的。因此,熟悉和掌握这些法律法规是很有必要的,甚至是必须的。

　　为了方便我们从事工程质量检测的机构和人员学习和掌握相关法律法规,在本章把与工程质量检测相关的法律法规进行了汇总,这些法律法规现在是有效的,但不排除更新和作废的可能,希望大家在学习的同时能及时查阅有关法律法规的发布信息。

　　相关法律法规具体内容附后。

二、中华人民共和国计量法

(1985年9月6日第六届全国人民代表大会常务委员会第十二次会议通过
1985年9月6日中华人民共和国主席令第28号公布)

第一章 总 则

第一条 为了加强计量监督管理,保障国家计量单位制的统一和量值的准确可靠,有利于生产、贸易和科学技术的发展,适应社会主义现代化建设的需要,维护国家、人民的利益,制定本法。

第二条 在中华人民共和国境内,建立计量基准器具、计量标准器具,进行计量检定,制造、修理、销售、使用计量器具,必须遵守本法。

第三条 国家采用国际单位制。国际单位制计量单位和国家选定的其他计量单位,为国家法定计量单位。国家法定计量单位的名称、符号由国务院公布。非国家法定计量单位应当废除。废除的办法由国务院制定。

第四条 国务院计量行政部门对全国计量工作实施统一监督管理。

第二章 计量基准器具、计量标准器具和计量检定

第五条 国务院计量行政部门负责建立各种计量基准器具,作为统一全国量值的最高依据。

第六条 县级以上地方人民政府计量行政部门根据本地区的需要,建立社会公用计量标准器具,经上级人民政府计量行政部门主持考核合格后使用。

第七条 国务院有关主管部门和省、自治区、直辖市人民政府有关主管部门,根据本部门的特殊需要,可以建立本部门使用的计量标准器具,其各项最高计量标准器具经同级人民政府计量行政部门主持考核合格后使用。

第八条 企业、事业单位根据需要,可以建立本单位使用的计量标准器具,其各项最高计量标准器具经有关人民政府计量行政部门主持考核合格后使用。

第九条 县级以上人民政府计量行政部门对社会公用计量标准器具,部门和企业、事业单位使用的最高计量标准器具,以及用于贸易结算、安全防护、医疗卫生、环境监测方面的列入强制检定目录的工作计量器具,实行强制检定。未按照规定申请检定或者检定不合格的,不得使用。实行强制检定的工作计量器具的目录和管理办法,由国务院制定。对前款规定以外的其他计量标准器具和工作计量器具,使用单位应当自行定期检定或者送其他计量检定机构检定,县级以上人民政府计量行政部门应当进行监督检查。

第十条 计量检定必须按照国家计量检定系统表进行。国家计量检定系统表由国务院计量行政部门制定。计量检定必须执行计量检定规程。国家计量检定规程由国务院计量行政部门制定。没有国家计量检定规程的,由国务院有关主管部门和省、自治区、直辖市人民政府计量行政部门分别制定部门计量检定规程和地方计量检定规程,并向国务院计量行政部门备案。

第十一条 计量检定工作应当按照经济合理的原则,就地就近进行。

第三章 计量器具管理

第十二条 制造、修理计量器具的企业、事业单位,必须具备与所制造、修理的计量器具相适应的设施,人员和检定仪器设备,经县级以上人民政府计量行政部门考核合格,取得《制造计量器具许可证》或者《修理计量器具许可证》。制造、修理计量器具的企业未取得《制造计量器具许可证》或《修理计量器具许可证》的,工商行政管理部门不予办理营业执照。

第十三条 制造计量器具的企业、事业单位生产本单位未生产过的计量器具新产品,必须经省级以上人民政府计量行政部门对其样品的计量性能考核合格,方可投入生产。

第十四条 未经国务院计量行政部门批准,不得制造、销售和进口国务院规定废除的非法定计量单位的计量器具和国务院禁止使用的其他计量器具。

第十五条 制造、修理计量器具的企业、事业单位必须对制造、修理的计量器具进行检定,保证产品计量性能合格,并对合格产品出具产品合格证。县级以上人民政府计量行政部门应当对制造、修理的计量器具的质量进行监督检查。

第十六条 进口计量器具,必须经省级以上人民政府计量行政部门检定合格后,方可销售。

第十七条 使用计量器具不得破坏其准确度,损害国家和消费者的利益。

第十八条 个体工商户可以制造、修理简易的计量器具。制造、修理计量器具的个体工商户、必须经县级人民政府计量行政部门考核合格,发给《制造计量器具许可证》或者《修理计量器具许可证》后,方可向工商行政管理部门申请营业执照。个体工商户制造、修理计量器具的范围和管理办法,由国务院计量行政部门制定。

第四章 计量监督

第十九条 县级以上人民政府计量行政部门,根据需要设置计量监督员;计量监督员管理办法,由国务院计量行政部门制定。

第二十条 县级以上人民政府计量行政部门可以根据需要设置计量检定机构,或者授权其他单位的计量检定机构,执行强制检定和其他检定、测试任务。执行前款规定的检定、测试任务的人员,必须经考核合格。

第二十一条 处理因计量器具准确度所引起的纠纷,以国家计量基准器具或者社会公用计量标准器具检定的数据为准。

第二十二条 为社会提供公证数据的产品质量检验机构,必须经省级以上人民政府计量行政部门对其计量检定、测试的能力和可靠性考核合格。

第五章 法律责任

第二十三条 未取得《制造计量器具许可证》、《修理计量器具许可证》制造或者修理计量器具的,责令停止生产、停止营业,没收违法所得,可以并处罚款。

第二十四条 制造、销售未经考核合格的计量器具新产品的,责令停止制造、销售该种新产品,没收违法所得,可以并处罚款。

第二十五条 制造、修理、销售的计量器具不合格的,没收违法所得,可以并处罚款。

第二十六条 属于强制检定范围的计量器具,未按照规定申请检定或者检定不合格继续使用的,责令停止使用,可以并处罚款。

第二十七条 使用不合格的计量器具或者破坏计量器具准确度,给国家和消费者造成损失的,责令赔偿损失,没收计量器具和违法所得,可以并处罚款。

第二十八条 制造、销售、使用以欺骗消费者为目的的计量器具的,没收计量器具和违法所得,处以罚款、情节严重的,并对个人或者单位直接责任人员按诈骗罪或者投机倒把罪追究刑事责任。

第二十九条 违反本法规定,制造、修理、销售的计量器具不合格,造成人身伤亡或者重大财产损失的,比照《刑法》第一百八十六条的规定,对个人或者单位直接责任人员追究刑事责任。

第三十条 计量监督人员违法失职,情节严重的。依照《刑法》有关规定追究刑事责任;情节轻微的,给予行政处分。

第三十一条 本法规定的行政处罚,由县级以上地方人民政府计量行政部门决定,本法第二十七条规定的行政处罚,也可以由工商行政管理部门决定。

第三十二条 当事人对行政处罚决定不服的,可以在接到处罚通知之日起十五日内向人民法院起诉;对罚款、没收违法所得的行政处罚决定期满不起诉又不履行的,由作出行政处罚决定的机关申请人民法院强制执行。

第六章 附 则

第三十三条 中国人民解放军和国防科技工业系统计量工作的监督管理办法,由国务院、中央军事委员会依据本法另行制定。

第三十四条 国务院计量行政部门根据本法制定实施细则,报国务院批准施行。

第三十五条 本法自 1986 年 7 月 1 日起施行。

三、中华人民共和国计量法实施细则

(1987 年 1 月 19 日国务院批准)
(1987 年 2 月 1 日国家计量局发布)

第一章 总 则

第一条 根据《中华人民共和国计量法》的规定,制定本细则。

第二条 国家实行法定计量单位制度。国家法定计量单位的名称、符号和非国家法定计量单位的废除办法,按照国务院关于在我国统一实行法定计量单位的有关规定执行。

第三条 国家有计划地发展计量事业,用现代计量技术装备各级计量检定机构,为社会主义现代化建设服务,为工农业生产、国防建设、科学实验、国内外贸易以及人民的健康、安全提供计量保证,维护国家和人民的利益。

第二章 计量基准器具和计量标准器具

第四条 计量基准器具(简称计量基准,下同)的使用必须具备下列条件:
(一)经国家鉴定合格;
(二)具有正常工作所需要的环境条件;
(三)具有称职的保存、维护、使用人员;
(四)具有完善的管理制度。
符合上述条件的,经国务院计量行政部门审批并颁发计量基准证书后,方可使用。

第五条 非经国务院计量行政部门批准,任何单位和个人不得拆卸、改装计量基准,或者自行中断其计量检定工作。

第六条 计量基准的量值应当与国际上的量值保持一致。国务院计量行政部门有权废除技术水平落后或者工作状况不适应需要的计量基准。

第七条 计量标准器具(简称计量标准,下同)的使用,必须具备下列条件:
(一)经计量检定合格;
(二)具有正常工作所需要的环境条件;
(三)具有称职的保存、维护、使用人员;
(四)具有完善的管理制度。

第八条 社会公用计量标准对社会上实施计量监督具有公证作用。县级以上地方人民政府计量行政部门建立的本行政区域内最高等级的社会公用计量标准,须向上一级人民政府计量行政部门申请考核;其他等级的,由当地人民政府计量行政部门主持考核。经考核符合本细则第七条规定条件并取得考核合格证的,由当地县级以上人民政府计量行政部门审批颁发社会公用计量标准证书后,方可使用。

第九条 国务院有关主管部门和省、自治区、直辖市人民政府有关主管部门建立的本部门各项最高计量标准,经同级人民政府计量行政部门考核,符合本细则第七条规定条件并取得考核合格证的,由有关主管部门批准使用。

第十条 企业、事业单位建立本单位各项最高计量标准,须向与其主管部门同级的人民政府计量行政部门申请考核。乡镇企业向当地县级人民政府计量行政部门申请考核。经考核符合本细则第七条规定条件并取得考核合格证的,企业、事业单位方可使用,并向其主管部门备案。

第三章 计量检定

第十一条 使用实行强制检定的计量标准的单位和个人,应当向主持考核该项计量标准的有关人民政府计量行政部门申请周期检定。使用实行强制检定的工作计量器具的单位和个人,应当向当地县(市)级人民政府计量行政部门指定的计量检定机构申请周期检定。当地不能检定的,向上一级人民政府计量行政部门指定的计量检定机构申请周期检定。

第十二条 企业、事业单位应当配备与生产、科研、经营管理相适应的计量检测设施,制定具体的检定管理办法和规章制度,规定本单位管理的计量器具明细目录及相应的检定周期,保证使用的非强制检定的计量器具定期检定。

第十三条 计量检定工作应当符合经济合理、就地就近的原则,不受行政区划和部门管辖的限制。

第四章 计量器具的制造和修理

第十四条 企业、事业单位申请办理《制造计量器具许可证》,由与其主管部门同级的人民政府计量行政部门进行考核;乡镇企业由当地县级人民政府计量行政部门进行考核。经考核合格,取得《制造计量器具许可证》的,准予使用国家统一规定的标志,有关主管部门方可批准生产。

第十五条 对社会开展经营性修理计量器具的企业、事业单位,办理《修理计量器具许可证》,可直接向当地县(市)级人民政府计量行政部门申请考核。当地不能考核的,可以向上一级地方人民政府计量行政部门申请考核。经考核合格取得《修理计量器具许可证》的,方可准予使用国家统一规定的标志和批准营业。

第十六条 制造、修理计量器具的个体工商户,须在固定的场所从事经营。申请《制造计量器具许可证》或者《修理计量器具许可证》,按照本细则第十四条、第十五条规定的程序办理。凡易地经营的,须经所到地方的人民政府计量行政部门验证核准后方可申请办理营业执照。

第十七条 对申请《制造计量器具许可证》和《修理计量器具许可证》的企业、事业单位或个体工商户进行考核的内容为:

(一)生产设施;

(二)出厂检定条件;

(三)人员的技术状况;

(四)有关技术文件和计量规章制度。

第十八条 凡制造在全国范围内从未生产过的计量器具新产品,必须经过定型鉴定。定型鉴定合格后,应当履行型式批准手续,颁发证书。在全国范围内已经定型,而本单位未生产过的计量器具新产品,应当进行样机试验。样机试验合格后,发给合格证书。凡未经型式批准或者未取得样机试验合格证书的计量器具,不准生产。

第十九条 计量器具新产品定型鉴定,由国务院计量行政部门授权的技术机构进行;样机试验由所在地方的省级人民政府计量行政部门授权的技术机构进行。计量器具新产品的型式,由当地省级人民政府计量行政部门批准。省级人民政府计量行政部门批准的型式,经国务院计量行政部门审核同意后,作为全国通用型式。

第二十条 申请计量器具新产品定型鉴定和样机试验的单位,应当提供新产品样机及有关技术文件、资料。负责计量器具新产品定型鉴定和样机试验的单位,对申请单位提供的样机和技术文件、资料必须保密。

第二十一条 对企业、事业单位制造、修理计量器具的质量,各有关主管部门应当加强管理,县级以上人民政府计量行政部门有权进行监督检查,包括抽检和监督试验。凡无产品合格印、证,或者经检定不合格的计量器具,不准出厂。

第五章 计量器具的销售和使用

第二十二条 外商在中国销售计量器具,须比照本细则第十八条的规定向国务院计量行政部门申请型式批准。

第二十三条 县级以上地方人民政府计量行政部门对当地销售的计量器具实施监督检查。凡没有产品合格印、证和《制造计量器具许可证》标志的计量器具不得销售。

第二十四条 任何单位和个人不得经营销售残次计量器具零配件,不得使用残次零配件组装和修理计量器具。

第二十五条 任何单位和个人不准在工作岗位上使用无检定合格印、证或者超过检定周期以及经检定不合格的计量器具。在教学示范中使用计量器具不受此限。

第六章 计 量 监 督

第二十六条 国务院计量行政部门和县级以上地方人民政府计量行政部门监督和贯彻实施计量法律、法规的职责是:

(一)贯彻执行国家计量工作的方针、政策和规章制度,推行国家法定计量单位;

(二)制定和协调计量事业的发展规划,建立计量基准和社会公用计量标准,组织量值传递;

(三)对制造、修理、销售、使用计量器具实施监督;

(四)进行计量认证,组织仲裁检定,调解计量纠纷;

(五)监督检查计量法律、法规的实施情况,对违反计量法律、法规的行为,按照本细则的有关规定进行处理。

第二十七条 县级以上人民政府计量行政部门的计量管理人员,负责执行计量监督、管理任务;计量监督员负责在规定的区域、场所巡回检查,并可根据不同情况在规定的权限内对违反计量法律、法规的行为,进行现场处理,执行行政处罚。计量监督员必须经考核合格后,由县级以上人民政府计量行政部门任命并颁发监督员证件。

第二十八条 县级以上人民政府计量行政部门依法设置的计量检定机构,为国家法定计量检定机构。其职责是:负责研究建立计量基准、社会公用计量标准,进行量值传递,执行强制检定和法律规定的其他检定、测试任务,起草技术规范,为实施计量监督提供技术保证,并承办有关计量监督工作。

第二十九条 国家法定计量检定机构的计量检定人员,必须经县级以上人民政府计量行政部门考核合格,并取得计量检定证件。其他单位的计量检定人员,由其主管部门考核发证。无计量检定证件的,不得从事计量检定工作。计量检定人员的技术职务系列,由国务院计量行政部门会同有关主管部门制定。

第三十条 县级以上人民政府计量行政部门可以根据需要,采取以下形式授权其他单位的计量检定机构和技术机构,在规定的范围内执行强制检定和其他检定、测试任务:

(一)授权专业性或区域性计量检定机构,作为法定计量检定机构;

(二)授权建立社会公用计量标准;

(三)授权某一部门或某一单位的计量检定机构,对其内部使用的强制检定计量器具执行强制检定;

(四)授权有关技术机构,承担法律规定的其他检定、测试任务。

第三十一条 根据本细则第三十条规定被授权的单位,应当遵守下列规定:

(一)被授权单位执行检定、测试任务的人员,必须经授权单位考核合格;

(二)被授权单位的相应计量标准,必须接受计量基准或者社会公用计量标准的检定;

(三)被授权单位承但授权的检定、测试工作,须接受授权单位的监督;

(四)被授权单位成为计量纠纷中当事人一方时,在双方协商不能自行解决的情况下,由县级以上有关人民政府计量行政部门进行调解和仲裁检定。

第七章 产品质量检验机构的计量认证

第三十二条 为社会提供公证数据的产品质量检验机构,必须经省级以上人民政府计量行政部门计量认证。

第三十三条 产品质量检验机构计量认证的内容

(一)计量检定、测试设备的性能;

(二)计量检定、测试设备的工作环境和人员的操作技能;

(三)保证量值统一、准确的措施及检测数据公正可靠的管理制度。

第三十四条 产品质量检验机构提出计量认证申请后,省级以上人民政府计量行政部门应指定所属的计量检定机构或者被授权的技术机构按照本细则第三十三条规定的内容进行考核。考核合格后,由接受申请的省级以上人民政府计量行政部门发给计量认证合格证书。未取得计量认证合格证书的,不得开展产品质量检验工作。

第三十五条 省级以上人民政府计量行政部门有权对计量认证合格的产品质量检验机构,按照本细则第三十三条规定的内容进行监督检查。

第三十六条 已经取得计量认证合格证书的产品质量检验机构、需新增检验项目时,应按照本细则有关规定,申请单项计量认证。

第八章 计量调解和仲裁检定

第三十七条 县级以上人民政府计量行政部门负责计量纠纷的调解和仲裁检定,并可根据司法机关、合同管理机关、涉外仲裁机关或者其他单位的委托,指定有关计量检定机构进行仲裁检定。

第三十八条 在调解、仲裁及案件审理过程中,任何一方当事人均不得改变与计量纠纷有关的计量器具的技术状态。

第三十九条 计量纠纷当事人对仲裁检定不服的,可以在接到仲裁检定通知书之日起十五日内向上一级人民政府计量行政部门申诉。上一级人民政府计量行政部门进行的仲裁检定为终局仲裁检定。

第九章 费 用

第四十条 建立计量标准申请考核,使用计量器具申请检定,制造计量器具新产品申请定型和样机试验,制造、修理计量器具申请许可证,以及申请计量认证和仲裁检定,应当缴纳费用,具体收费办法或收费标准,由国务院计量行政部门会同国家财政,物价部门统一制定。

第四十一条 县级以上人民政府计量行政部门实施监督检查所进行的检定和试验不收费。被检查的单位有提供样机和检定试验条件的义务。

第四十二条 县级以上人民政府计量行政部门所属的计量检定机构,为贯彻计量法律、法规,实施计量监督提供技术保证所需要的经费,按照国家财政管理体制的规定,分别列入各级财政预算。

第十章 法律责任

第四十三条 违反本细则第二条规定,使用非法定计量单位的,责令其改正;属出版物的,责令其停止销售,可并处一千元以下的罚款。

第四十四条 违反《中华人民共和国计量法》第十四条规定,制造、销售和进口国务院规定废除的非法定计量单位的计量器具和国务院禁止使用的其他计量器具,责令其停止制造、销售和进口,没收计量器具和全部违法所得,可并处相当其违法所得百分之十至百分之五十的罚款。

第四十五条 部门和企业、事业单位的各项最高计量标准,未经有关人民政府计量行政部门考核合格而开展计量检定的,责令其停止使用,可并处一千元以下的罚款。

第四十六条 属于强制检定范围的计量器具,未按照规定申请检定和属于非强制检定范围的计量器具未自行定期检定或者送其他计量检定机构定期检定的,以及经检定不合格继续使用的,责令其停止使用,可并处一千元以下的罚款。

第四十七条 未取得《制造计量器具许可证》或者《修理计量器具许可证》制造、修理计量器具的,责令其停止生产、停止营业,封存制造、修理的计量器具,没收全部违法所得,可并处相当其违法所得百分之十至百分之五十的罚款。

第四十八条 制造、销售未经型式批准或样机试验合格的计量器具新产品的,责令其停止制造、销售,封存该种新产品,没收全部违法所得,可并处三千元以下的罚款。

第四十九条 制造、修理的计量器具未经出厂检定或者经检定不合格而出厂的,责令其停止出厂,没收全部违法所得;情节严重的,可并处三千元以下的罚款。

第五十条 进口计量器具,未经省级以上人民政府计量行政部门检定合格而销售的,责令其停止销售,封存计量器具,没收全部违法所得,可并处其销售额百分之十至百分之五十的罚款。

第五十一条 使用不合格计量器具或者破坏计量器具准确度和伪造数据,给国家和消费者造成损失的,责令其赔偿损失,没收计量器具和全部违法所得,可并处二千元以下的罚款。

第五十二条 经营销售残次计量器具零配件的,责令其停止经营销售,没收残次计量器具零配件和全部违法所得,可并处二千元以下的罚款;情节严重的,由工商行政管理部门吊销其营业执照。

第五十三条 制造、销售、使用以欺骗消费者为目的的计量器具的单位和个人,没收其计量器具和全部违法所得,可并处二千元以下的罚款;构成犯罪的,对个人或者单位直接责任人员,依法追究刑事责任。

第五十四条 个体工商户制造、修理国家规定范围以外的计量器具或者不按照规定场所从事经营活动的,责令其停止制造、修理、没收全部违法所得,可并处以五百元以下的罚款。

第五十五条 未取得计量认证合格证书的产品质量检验机构,为社会提供公证数据的,责令其停止检验,可并处一千元以下的罚款。

第五十六条 伪造、盗用、倒卖强制检定印、证的,没收其非法检定印、证和全部违法所得,可并处二千元以下的罚款;构成犯罪的,依法追究刑事责任。

第五十七条 计量监督管理人员违法失职,徇私舞弊,情节轻微的,给予行政处分;构成犯罪的,依法追究刑事责任。

第五十八条 负责计量器具新产品定型鉴定、样机试验的单位,违反本细则第二十条第二款规定的,应当按照国家有关规定,赔偿申请单位的损失,并给予直接责任人员行政处分;构成犯罪的,依法追究刑事责任。

第五十九条 计量检定人员有下列行为之一的,给予行政处分;构成犯罪的,依法追究刑事责任。

(一)伪造检定数据的;

(二)出具错误数据,给送检一方造成损失的;

(三)违反计量检定规程进行计量检定的;

(四)使用未经考核合格的计量标准开展检定的;

(五)未取得计量检定证件执行计量检定的。

第六十条 本细则规定的行政处罚,由县级以上地方人民政府计量行政部门决定。罚款一万元以上的,应当报省级人民政府计量行政部门决定。没收违法所得及罚款一律上缴国库。本细则第五十一条规定的行政处罚,也可以由工商行政管理部门决定。

第十一章 附 则

第六十一条 本细则下列用语的含义是:

(一)计量器具是指能用以直接或间接测出被测对象量值的装置、仪器仪表、量具和用于统一量值的标准物质,包括计量基准、计量标准、工作计量器具。

(二)计量检定是指为评定计量器具的计量性能,确定其是否合格所进行的全部工作。

(三)定型鉴定是指对计量器具新产品样机的计量性能进行全面审查、考核。

(四)计量认证是指政府计量行政部门对有关技术机构计量检定、测试的能力和可靠性进行的考核和证明。

(五)计量检定机构是指承担计量检定工作的有关技术机构。

(六)仲裁检定是指用计量基准或者社会公用计量标准所进行的以裁决为目的的计量检定、测试活动。

第六十二条 中国人民解放军和国防科技工业系统涉及本系统以外的计量工作的监督管理,亦适用本细则。

第六十三条 本细则有关的管理办法、管理范围和各种印、证、标志,由国务院计量行政部门制定。

第六十四条 本细则由国务院计量行政部门负责解释。

第六十五条 本细则自发布之日起施行。

四、实验室和检查机构资质认定管理办法

国家质量监督检验检疫总局令
（第 86 号）

《实验室和检查机构资质认定管理办法》已经 2005 年 12 月 31 日国家质量监督检验检疫总局局务会议审议通过，现予公布，自 2006 年 4 月 1 日起施行。1987 年 7 月 10 日原国家计量局发布的《产品质量检验机构计量认证管理办法》同时废止。

局长　李长江
二〇〇六年二月二十一日

第一章　总　　则

第一条　为规范实验室和检查机构资质管理工作，提高实验室和检查机构资质认定活动的科学性和有效性，根据《中华人民共和国计量法》、《中华人民共和国标准化法》、《中华人民共和国产品质量法》、《中华人民共和国认证认可条例》等有关法律、行政法规的规定，制定本办法。

第二条　本办法所称的实验室和检查机构资质，是指向社会出具有证明作用的数据和结果的实验室和检查机构应当具有的基本条件和能力。

本办法所称的认定，是指国家认证认可监督管理委员会和各省、自治区、直辖市人民政府质量技术监督部门对实验室和检查机构的基本条件和能力是否符合法律、行政法规规定以及相关技术规范或者标准实施的评价和承认活动。

第三条　在中华人民共和国境内，从事向社会出具具有证明作用的数据和结果的实验室和检查机构以及对其实施的资质认定活动应当遵守本办法。

第四条　国家认证认可监督管理委员会（以下简称国家认监委）统一管理、监督和综合协调实验室和检查机构的资质认定工作。

各省、自治区、直辖市人民政府质量技术监督部门和各直属出入境检验检疫机构（以下统称地方质检部门）按照各自职责负责所辖区域内的实验室和检查机构的资质认定和监督检查工作。

第五条　实验室和检查机构的资质认定，应当遵循客观公正、科学准确、统一规范、有利于检测资源共享和避免不必要的重复评审、评价、认定的原则。

第二章　资质认定

第六条　资质认定的形式包括计量认证和审查认可。

计量认证是指国家认监委和地方质检部门依据有关法律、行政法规的规定，对为社会提供公证数据的产品质量检验机构的计量检定、测试设备的工作性能、工作环境和人员的操作技能和保证量值统一、准确的措施及检测数据公正可靠的质量体系能力进行的考核。

审查认可是指国家认监委和地方质检部门依据有关法律、行政法规的规定,对承担产品是否符合标准的检验任务和承担其他标准实施监督检验任务的检验机构的检测能力以及质量体系进行的审查。

第七条 从事下列活动的机构应当通过资质认定:
(一)为行政机关作出的行政决定提供具有证明作用的数据和结果的;
(二)为司法机关作出的裁决提供具有证明作用的数据和结果的;
(三)为仲裁机构作出的仲裁决定提供具有证明作用的数据和结果的;
(四)为社会公益活动提供具有证明作用的数据和结果的;
(五)为经济或者贸易关系人提供具有证明作用的数据和结果的;
(六)其他法定需要通过资质认定的。

第八条 国家鼓励实验室、检查机构取得经国家认监委确定的认可机构的认可,以保证其检测、校准和检查能力符合相关国际基本准则和通用要求,促进检测、校准和检查结果的国际互认。

第九条 申请计量认证和申请审查认可的项目相同的,其评审、评价、考核应当合并实施。符合相关规定要求的,可以取得相应的资质认定。

取得国家认监委确定的认可机构认可的实验室和检查机构,在申请资质认定时,应当简化相应的资质认定程序,避免不必要的重复评审。

第十条 实验室和检查机构,应当在资质认定范围内正确使用证书和标志。

第十一条 有关法律、行政法规对实验室和检查机构的其他技术条件和能力有特殊要求的,可以在利用资质认定结果的基础上进行评审、评价或者考核。

第十二条 公民、法人或者其他组织,需要核实实验室和检查机构资质认定的真实性和有效性的,可以向国家认监委和地方质检部门提出书面申请,国家认监委和地方质检部门应当对申请核实的事项予以确认。

第三章 实验室和检查机构的基本条件与能力

第十三条 实验室和检查机构应当依法设立,保证客观、公正和独立地从事检测、校准和检查活动,并承担相应的法律责任。

第十四条 实验室和检查机构应当具有与其从事检测、校准和检查活动相适应的专业技术人员和管理人员。

从事特殊产品的检测、校准和检查活动的实验室和检查机构,其专业技术人员和管理人员还应当符合相关法律、行政法规的规定要求。

第十五条 实验室和检查机构应当具备固定的工作场所,其工作环境应当保证检测、校准和检查数据和结果的真实、准确。

第十六条 实验室和检查机构应当具备正确进行检测、校准和检查活动所需要的并且能够独立调配使用的固定的和可移动的检测、校准和检查设备设施。

第十七条 实验室和检查机构应当建立能够保证其公正性、独立性和与其承担的检测、校准和检查活动范围相适应的质量体系,按照认定基本规范或者标准制定相应的质量体系文件并有效实施。

第四章 资质认定程序

第十八条 国家级实验室和检查机构的资质认定,由国家认监委负责实施;地方级实验室和检查机构的资质认定,由地方质检部门负责实施。

第十九条 国家认监委依据相关国家标准和技术规范,制定计量认证和审查认可基本规范、评审准则、证书和标志,并公布实施。

第二十条 计量认证和审查认可程序:

(一)申请的实验室和检查机构(以下简称申请人),应当根据需要向国家认监委或者地方质检部门(以下简称受理人)提出书面申请,并提交符合本办法第三章规定的相关证明材料;

(二)受理人应当对申请人提交的申请材料进行初步审查,并自收到申请材料之日起5日内作出受理或者不予受理的书面决定;

(三)受理人应当自受理申请之日起,根据需要对申请人进行技术评审,并书面告知申请人,技术评审时间不计算在作出批准的期限内;

(四)受理人应当自技术评审完结之日起20日内,根据技术评审结果作出是否批准的决定。决定批准的,向申请人出具资质认定证书,并准许其使用资质认定标志;不予批准的,应当书面通知申请人,并说明理由;

(五)国家认监委和地方质检部门应当定期公布取得资质认定的实验室和检查机构名录,以及计量认证项目、授权检验的产品等。

第二十一条 资质认定证书的有效期为3年。

申请人应当在资质认定证书有效期届满前6个月提出复查、验收申请,逾期不提出申请的,由发证单位注销资质认定证书,并停止其使用标志。

第二十二条 已经取得资质认定证书的实验室和检查机构,需新增检查检验检测项目时,应当按照本办法规定的程序,申请资质认定扩项。

第二十三条 从事资质认定评审的人员应当符合相关技术规范或者标准的要求,并经国家认监委或者地方质检部门考核合格。

第二十四条 国家认监委和地方质检部门应当建立资质认定评审人员专家库,根据需要组成评审专家组。评审专家组应当独立开展资质认定评审活动,并对评审结论负责。

第二十五条 地方质检部门应当自向申请人颁发资质认定证书之日起15日内,将其作出的批准决定向国家认监委备案。

第五章 实验室和检查机构行为规范

第二十六条 实验室和检查机构及其人员应当独立于检测、校准和检查数据和结果所涉及的利益相关各方,不受任何可能干扰其技术判断的因素的影响,并确保检测、校准和检查的结果不受实验室和检查机构以外的组织或者人员的影响。

第二十七条 实验室和检查机构的人员不得与其从事的检测、校准和检查项目以及出具的数据和结果存在利益关系;不得参与任何有损于检测、校准和检查判断的独立性和诚信度的活动;不得参与与检测、校准和检查项目或者类似的竞争性项目有关系的产品的设计、研制、生产、供应、安装、使用或者维护活动。

第二十八条 实验室和检查机构从事与其控股股东生产、经营的同类产品或者有竞争性的产品的检测、校准和检查活动时,应当建立保证其检测、校准和检查活动的独立性和公正性的质量体系及其文件,明确本机构的职责、责任和工作程序,并与其控股股东从事的设计、研制、生产、供应、安装、使用或者维护等活动完全分开。

第二十九条 实验室和检查机构应当建立并有效实施与检测、校准和检查有关的管理人员、技术人员和关键支持人员的工作职责、资格考核、培训等制度,确保不因报酬等原因影响检测、校准和检查工作质量。

第三十条 实验室和检查机构应当按照相关技术规范或者标准的要求,对其所使用的检测、校准和检查设施设备以及环境要求等作出明确规定,并正确标识。

实验室和检查机构在使用对检测、校准的准确性产生影响的测量、检验设备之前,应当按照国家相关技术规范或者标准进行检定、校准。

第三十一条 实验室和检查机构应当确保其相关测量和校准结果能够溯源至国家级标准,以保证结果的准确性。

实验室和检查机构应当建立并实施评估测量不确定度的程序,并按照相关技术规范或者标准要求评估和报告测量、校准结果的不确定度。

第三十二条 实验室和检查机构应当按照相关技术规范或者标准实施样品的抽取、处置、传送和贮存、制备,测量不确定度的评估,检验数据的分析等检测、校准和检查活动。

第三十三条 实验室和检查机构应当按照相关技术规范或者标准要求和规定的程序,及时出具检测、校准和检查数据和结果,并保证数据和结果准确、客观、真实。

第三十四条 实验室和检查机构按照有关技术规范或者标准开展能力验证,以保证其持续符合检测、校准和检查能力。

第三十五条 实验室和检查机构及其人员应当对其在检测、校准和检查活动中所知悉的国家秘密、商业秘密和技术秘密负有保密义务,并建立相应保密措施。

第三十六条 实验室和检查机构应当建立完善的申诉和投诉机制,处理相关方对其检测、校准和检查结论提出的异议。

第三十七条 实验室和检查机构因工作需要分包检测、校准或者检查工作时,应当将其工作分包给符合本办法规定并取得资质的实验室或者检查机构。

第六章 监督检查

第三十八条 国家认监委依法对地方质检部门及其组织的评审活动实施监督检查。

地方质检部门应当于每年一月向国家认监委提交上年度工作报告,接受国家认监委的询问和调查,并对报告的真实性负责。

第三十九条 国家认监委依法组织对实验室和检查机构的资质情况进行监督抽查;对不符合要求的,按照有关规定予以处理。

第四十条 任何单位和个人对实验室和检查机构资质认定中的违法违规行为,有权向国家认监委或者地方质检部门举报,国家认监委和地方质检部门应当及时调查处理,并为举报人保密。

第四十一条 有下列情形之一的,国家认监委或者地方质检部门,可以根据利害关系人的请求或者依据职权,撤销其作出的实验室和检查机构取得资质认定的决定:

(一)资质认定审批工作人员滥用职权、玩忽职守作出实验室和检查机构取得资质认定决定的;

(二)超越法定职权作出实验室和检查机构取得资质认定决定的;

(三)违反认定程序作出实验室和检查机构取得资质认定决定的;

(四)对不具备法定基本条件和能力的实验室和检查机构作出取得资质认定决定的;

(五)依法可以撤销资质认定的其他情形。

第四十二条 申请人申请资质认定时,隐瞒有关情况或者提供虚假材料的,资质认定监督管理部门应当不予受理或者不予批准,并给予警告;申请人在一年内不得再次申请资质认定。

第四十三条 实验室和检查机构以欺骗、贿赂等不正当手段取得批准决定的,国家认监委和地方质检部门应当撤销其所取得的资质认定决定,并予以公布。

实验室和检查机构自被撤销资质认定之日起 3 年内,不得再次申请资质认定。

实验室和检查机构出具虚假结论或者出具的结论严重失实,情节严重的,应当撤销其所取得的资质认定,并予以公布。

第四十四条 地方质检部门应当自作出撤销决定之日起 15 日内,将其撤销决定书面报告国家认监委备案。

国家认监委通过其网站或者其他方式向社会公布撤销资质认定的实验室和检查机构的名录。

第四十五条 从事实验室和检查机构资质认定的工作人员滥用职权、玩忽职守、徇私舞弊的,依法给予行政处分;构成犯罪的,依法追究刑事责任。

第四十六条 对于实验室和检查机构的其他违法行为,依照有关法律、行政法规的规定予以处罚。

第七章 附 则

第四十七条 下列用语的含义:

(一)实验室,是指从事科学实验、检验检测和校准活动的技术机构;

(二)检查机构,是指从事与认证有关的产品设计、产品、服务、过程或者生产加工场所的核查,并确定其符合规定要求的技术机构;

(三)实验室和检查机构的基本条件,是指实验室和检查机构应满足的法律地位、独立性和公正性、安全、环境、人力资源、设施、设备、程序和方法、质量体系和财务等方面的要求。

(四)实验室和检查机构的能力,是指实验室和检查机构运用其基本条件以保证其出具的具有证明作用的数据和结果的准确性、可靠性、稳定性的相关经验和水平。

第四十八条 资质认定收费,应当按照国家有关规定办理。

第四十九条 本办法由国家质量监督检验检疫总局负责解释。

第五十条 本办法自 2006 年 4 月 1 日起施行。1987 年 7 月 10 日原国家计量局发布的《产品质量检验机构计量认证管理办法》同时废止。

五、中华人民共和国标准化法

1988年12月29日第七届全国人民代表大会常务委员会第五次会议通过

第一章 总　则

第一条 为了发展社会主义商品经济,促进技术进步,改进产品质量,提高社会经济效益,维护国家和人民的利益,使标准化工作适应社会主义现代化建设和发展对外经济关系的需要,制定本法。

第二条 对下列需要统一的技术要求,应当制定标准:

(一)工业产品的品种、规格、质量、等级或者安全、卫生要求。

(二)工业产品的设计、生产、检验、包装、储存、运输、使用的方法或者生产、储存、运输过程中的安全、卫生要求。

(三)有关环境保护的各项技术要求和检验方法。

(四)建设工程的设计、施工方法和安全要求。

(五)有关工业生产、工程建设和环境保护的技术术语、符号、代号和制图方法。重要农产品和其他需要制定标准的项目,由国务院规定。

第三条 标准化工作的任务是制定标准、组织实施标准和对标准的实施进行监督。标准化工作应当纳入国民经济和社会发展计划。

第四条 国家鼓励积极采用国际标准。

第五条 国务院标准化行政主管部门统一管理全国标准化工作。国务院有关行政主管部门分工管理本部门、本行业的标准化工作。省、自治区、直辖市标准化行政主管部门统一管理本行政区域的标准化工作。省、自治区、直辖市政府有关行政主管部门分工管理本行政区域内本部门、本行业的标准化工作。市、县标准化行政主管部门和有关行政主管部门,按照省、自治区、直辖市政府规定的各自的职责,管理本行政区域内的标准化工作。

第二章　标准的制定

第六条 对需要在全国范围内统一的技术要求,应当制定国家标准。国家标准由国务院标准化行政主管部门制定。对没有国家标准而又需要在全国某个行业范围内统一的技术要求,可以制定行业标准。行业标准由国务院有关行政主管部门制定,并报国务院标准化行政主管部门备案,在公布国家标准之后,该项行业标准即行废止。对没有国家标准和行业标准而又需要在省、自治区、直辖市范围内统一的工业产品的安全、卫生要求,可以制定地方标准。地方标准由省、自治区、直辖市标准化行政主管部门制定,并报国务院标准化行政主管部门和国务院有关行政主管部门备案,在公布国家标准或者行业标准之后,该项地方标准即行废止。企业生产的产品没有国家标准和行业标准的,应当制定企业标准,作为组织生产的依据。企业的产品标准须报当地政府标准化行政主管部门和有关行政主管部门备案。已有国家标准或者行业标准的,国家鼓励企业制定严于国家标准或者行业标准的企业标准,在企业内部适用。法律对标准的制定另有规定的,依照法律的规定执行。

第七条 国家标准、行业标准分为强制性标准和推荐性标准。保障人体健康,人身、财产安全的标准和法律、行政法规规定强制执行的标准是强制性标准,其他标准是推荐性标准。省、自治区、直辖市标准化行政主管部门制定的工业产品的安全、卫生要求的地方标准,在本行政区域内是强制性标准。

第八条 制定标准应当有利于保障安全和人民的身体健康,保护消费者的利益,保护环境。

第九条 制定标准应当有利于合理利用国家资源,推广科学技术成果,提高经济效益,并符合使用要求,有利于产品的通用互换,做到技术上先进,经济上合理。

第十条 制定标准应当做到有关标准的协调配套。

第十一条 制定标准应当有利于促进对外经济技术合作和对外贸易。

第十二条 制定标准应当发挥行业协会、科学研究机构和学术团体的作用。制定标准的部门应当组织由专家组成的标准化技术委员会,负责标准的草拟,参加标准草案的审查工作。

第十三条 标准实施后,制定标准的部门应当根据科学技术的发展和经济建设的需要适时进行复审,以确认现行标准继续有效或者予以修订、废止。

第三章 标准的实施

第十四条 强制性标准,必须执行。不符合强制性标准的产品,禁止生产、销售和进口。推荐性标准,国家鼓励企业自愿采用。

第十五条 企业对有国家标准或者行业标准的产品,可以向国务院标准化行政主管部门或者国务院标准化行政主管部门授权的部门申请产品质量认证。认证合格的,由认证部门授予认证证书,准许在产品或者其包装上使用规定的认证标志。已经取得认证证书的产品不符合国家标准或者行业标准的,以及产品未经认证或者认证不合格的,不得使用认证标志出厂销售。

第十六条 出口产品的技术要求,依照合同的约定执行。

第十七条 企业研制新产品、改进产品,进行技术改造,应当符合标准化要求。

第十八条 县级以上政府标准化行政主管部门负责对标准的实施进行监督检查。

第十九条 县级以上政府标准化行政主管部门,可以根据需要设置检验机构,或者授权其他单位的检验机构,对产品是否符合标准进行检验。法律、行政法规对检验机构另有规定的,依照法律、行政法规的规定执行。处理有关产品是否符合标准的争议,以前款规定的检验机构的检验数据为准。

第四章 法律责任

第二十条 生产、销售、进口不符合强制性标准的产品的,由法律、行政法规规定的行政主管部门依法处理,法律、行政法规未作规定的,由工商行政管理部门没收产品和违法所得,并处罚款;造成严重后果构成犯罪的,对直接责任人员依法追究刑事责任。

第二十一条 已经授予认证证书的产品不符合国家标准或者行业标准而使用认证标志出厂销售的,由标准化行政主管部门责令停止销售,并处罚款;情节严重的,由认证部门撤销其认证证书。

第二十二条 产品未经认证或者认证不合格而擅自使用认证标志出厂销售的,由标准化行政主管部门责令停止销售,并处罚款。

第二十三条 当事人对没收产品、没收违法所得和罚款的处罚不服的,可以在接到处罚通知之日起十五日内,向作出处罚决定的机关的上一级机关申请复议;对复议决定不服的,可以在接到复议决定之日起十五日内,向人民法院起诉。当事人也可以在接到处罚通知之日起十五日内,直接向人民法院起诉。当事人逾期不申请复议或者不向人民法院起诉又不履行处罚决定的,由作出处罚决定的机关申请人民法院强制执行。

第二十四条 标准化工作的监督、检验、管理人员违法失职、徇私舞弊的,给予行政处分;构成犯罪的,依法追究刑事责任。

第五章 附 则

第二十五条 本法实施条例由国务院制定。

第二十六条 本法自1989年4月1日起施行。

六、中华人民共和国标准化法实施条例

(1990年4月6日中华人民共和国国务院令第53号发布自发布之日起施行)

第一章 总 则

第一条 根据《中华人民共和国标准化法》(以下简称《标准化法》)的规定,制定本条例。
第二条 对下列需要统一的技术要求,应当制定标准:
(一)工业产品的品种、规格、质量、等级或者安全、卫生要求;
(二)工业产品的设计、生产、试验、检验、包装、储存、运输、使用的方法或者生产、储存、运输过程中的安全、卫生要求;
(三)有关环境保护的各项技术要求和检验方法;
(四)建设工程的勘察、设计、施工、验收的技术要求和方法;
(五)有关工业生产、工程建设和环境保护的技术术语、符号、代号、制图方法、互换配合要求;
(六)农业(含林业、牧业、渔业,下同)产品(含种子、种苗、种畜、种禽,下同)的品种、规格、质量、等级、检验、包装、储存、运输以及生产技术、管理技术的要求;
(七)信息、能源、资源、交通运输的技术要求。
第三条 国家有计划地发展标准化事业。标准化工作应当纳入各级国民经济和社会发展计划。
第四条 国家鼓励采用国际标准和国外先进标准,积极参与制定国际标准。

第二章 标准化工作的管理

第五条 标准化工作的任务是制定标准、组织实施标准和对标准的实施进行监督。
第六条 国务院标准化行政主管部门统一管理全国标准化工作,履行下列职责:
(一)组织贯彻国家有关标准化工作的法律、法规、方针、政策;
(二)组织制定全国标准化工作规划、计划;
(三)组织制定国家标准;
(四)指导国务院有关行政主管部门和省、自治区、直辖市人民政府标准化行政主管部门的标准化工作,协调和处理有关标准化工作问题;
(五)组织实施标准;
(六)对标准的实施情况进行监督检查;
(七)统一管理全国的产品质量认证工作;
(八)统一负责对有关国际标准化组织的业务联系。
第七条 国务院有关行政主管部门分工管理本部门、本行业的标准化工作,履行下列职责:
(一)贯彻国家标准化工作的法律、法规、方针、政策,并制定在本部门、本行业实施的具体办法;

(二)制定本部门、本行业的标准化工作规划、计划;

(三)承担国家下达的草拟国家标准的任务,组织制定行业标准;

(四)指导省、自治区、直辖市有关行政主管部门的标准化工作;

(五)组织本部门、本行业实施标准;

(六)对标准实施情况进行监督检查;

(七)经国务院标准化行政主管部门授权,分工管理本行业的产品质量认证工作。

第八条 省、自治区、直辖市人民政府标准化行政主管部门统一管理本行政区域的标准化工作,履行下列职责:

(一)贯彻国家标准化工作的法律、法规、方针、政策,并制定在本行政区域实施的具体办法;

(二)制定地方标准化工作规划、计划;

(三)组织制定地方标准;

(四)指导本行政区域有关行政主管部门的标准化工作,协调和处理有关标准化工作问题;

(五)在本行政区域组织实施标准;

(六)对标准实施情况进行监督检查。

第九条 省、自治区、直辖市有关行政主管部门分工管理本行政区域内本部门、本行业的标准化工作,履行下列职责:

(一)贯彻国家和本部门、本行业、本行政区域标准化工作的法律、法规、方针、政策,并制定实施的具体办法;

(二)制定本行政区域内本部门、本行业的标准化工作规划、计划;

(三)承担省、自治区、直辖市人民政府下达的草拟地方标准的任务;

(四)在本行政区域内组织本部门、本行业实施标准;

(五)对标准实施情况进行监督检查。

第十条 市、县标准化行政主管部门和有关行政主管部门的职责分工,由省、自治区、直辖市人民政府规定。

第三章 标准的制定

第十一条 对需要在全国范围内统一的下列技术要求,应当制定国家标准(含标准样品的制作):

(一)互换配合、通用技术语言要求;

(二)保障人体健康和人身、财产安全的技术要求;

(三)基本原料、燃料、材料的技术要求;

(四)通用基础件的技术要求;

(五)通用的试验、检验方法;

(六)通用的管理技术要求;

(七)工程建设的重要技术要求;

(八)国家需要控制的其他重要产品的技术要求。

第十二条 国家标准由国务院标准化行政主管部门编制计划,组织草拟,统一审批、编号、发布。工程建设、药品、食品卫生、兽药、环境保护的国家标准,分别由国务院工程建设主管部门、卫生主管部门、农业主管部门、环境保护主管部门组织草拟、审批;其编号、发布办法由国务院标准化行政主管部门会同国务院有关行政主管部门制定。法律对国家标准的制定另有规定的,依照法律的规定执行。

第十三条 对没有国家标准而又需要在全国某个行业范围内统一的技术要求,可以制定行业标准(含标准样品的制作)。制定行业标准的项目由国务院有关行政主管部门确定。

第十四条 行业标准由国务院有关行政主管部门编制计划,组织草拟,统一审批、编号、发布,并报国务院标准化行政主管部门备案。行业标准在相应的国家标准实施后,自行废止。

第十五条 对没有国家标准和行业标准而又需要在省、自治区、直辖市范围内统一的工业产品的安全、卫生要求,可以制定地方标准。制定地方标准的项目,由省、自治区、直辖市人民政府标准化行政主管部门确定。

第十六条 地方标准由省、自治区、直辖市人民政府标准化行政主管部门编制计划,组织草拟,统一审批、编号、发布,并报国务院标准化行政主管部门和国务院有关行政主管部门备案。法律对地方标准的制定另有规定的,依照法律的规定执行。地方标准在相应的国家标准或行业标准实施后,自行废止。

第十七条 企业生产的产品没有国家标准、行业标准和地方标准的,应当制定相应的企业标准,作为组织生产的依据。企业标准由企业组织制定(农业企业标准制定办法另定),并按省、自治区、直辖市人民政府的规定备案。对已有国家标准、行业标准或者地方标准的,鼓励企业制定严于国家标准、行业标准或者地方标准要求的企业标准,在企业内部适用。

第十八条 国家标准、行业标准分为强制性标准和推荐性标准。下列标准属于强制性标准:
(一)药品标准,食品卫生标准,兽药标准;
(二)产品及产品生产、储运和使用中的安全、卫生标准,劳动安全、卫生标准,运输安全标准;
(三)工程建设的质量、安全、卫生标准及国家需要控制的其他工程建设标准;
(四)环境保护的污染物排放标准和环境质量标准;
(五)重要的通用技术术语、符号、代号和制图方法;
(六)通用的试验、检验方法标准;
(七)互换配合标准;
(八)国家需要控制的重要产品质量标准。

国家需要控制的重要产品目录由国务院标准化行政主管部门会同国务院有关行政主管部门确定。强制性标准以外的标准是推荐性标准。省、自治区、直辖市人民政府标准化行政主管部门制定的工业产品的安全、卫生要求的地方标准,在本行政区域内是强制性标准。

第十九条 制定标准应当发挥行业协会、科学技术研究机构和学术团体的作用。制定国家标准、行业标准和地方标准的部门应当组织由用户、生产单位、行业协会、科学技术研究机构、学术团体及有关部门的专家组成标准化技术委员会,负责标准草拟和参加标准草案的技术审查工作。未组成标准化技术委员会的,可以由标准化技术归口单位负责标准草拟和参加标准草案的技术审查工作。制定企业标准应当充分听取使用单位、科学技术研究机构的意见。

第二十条 标准实施后,制定标准的部门应当根据科学技术的发展和经济建设的需要适时进行复审。标准复审周期一般不超过五年。

第二十一条 国家标准、行业标准和地方标准的代号、编号办法,由国务院标准化行政主管部门统一规定。企业标准的代号、编号办法,由国务院标准化行政主管部门会同国务院有关行政主管部门规定。

第二十二条 标准的出版、发行办法,由制定标准的部门规定。

第四章 标准的实施与监督

第二十三条 从事科研、生产、经营的单位和个人,必须严格执行强制性标准。不符合强制性标准的产品,禁止生产、销售和进口。

第二十四条 企业生产执行国家标准、行业标准、地方标准或企业标准,应当在产品或其说明书、包装物上标注所执行标准的代号、编号、名称。

第二十五条 出口产品的技术要求由合同双方约定。出口产品在国内销售时,属于我国强制性标准管理范围的,必须符合强制性标准的要求。

第二十六条 企业研制新产品、改进产品、进行技术改造,应当符合标准化要求。

第二十七条 国务院标准化行政主管部门组织或授权国务院有关行政主管部门建立行业认证机构,进行产品质量认证工作。

第二十八条 国务院标准化行政主管部门统一负责全国标准实施的监督。国务院有关行政主管部门分工负责本部门、本行业的标准实施的监督。省、自治区、直辖市标准化行政主管部门统一负责本行政区域内的标准实施的监督。省、自治区、直辖市人民政府有关行政主管部门分工负责本行政区域内本部门、本行业的标准实施的监督。市、县标准化行政主管部门和有关行政主管部门,按照省、自治区、直辖市人民政府规定的各自的职责,负责本行政区域内的标准实施的监督。

第二十九条 县级以上人民政府标准化行政主管部门,可以根据需要设置检验机构,或者授权其他单位的检验机构,对产品是否符合标准进行检验和承担其他标准实施的监督检验任务。检验机构的设置应当合理布局,充分利用现有力量。国家检验机构由国务院标准化行政主管部门会同国务院有关行政主管部门规划、审查。地方检验机构由省、自治区、直辖市人民政府标准化行政主管部门会同省级有关行政主管部门规划、审查。处理有关产品是否符合标准的争议,以本条规定的检验机构的检验数据为准。

第三十条 国务院有关行政主管部门可以根据需要和国家有关规定设立检验机构,负责本行业、本部门的检验工作。

第三十一条 国家机关、社会团体、企业事业单位及全体公民均有权检举、揭发违反强制性标准的行为。

第五章 法律责任

第三十二条 违反《标准化法》和本条例有关规定,有下列情形之一的,由标准化行政主管部门或有关行政主管部门在各自的职权范围内责令限期改进,并可通报批评或给予责任者行政处分:

(一)企业未按规定制定标准作为组织生产依据的;
(二)企业未按规定要求将产品标准上报备案的;
(三)企业的产品未按规定附有标识或与其标识不符的;
(四)企业研制新产品、改进产品、进行技术改造,不符合标准化要求的;
(五)科研、设计、生产中违反有关强制性标准规定的。

第三十三条 生产不符合强制性标准的产品的,应当责令其停止生产,并没收产品,监督销毁或作必要技术处理;处以该批产品货值金额百分之二十至百分之五十的罚款;对有关责任者处以五千元以下罚款。销售不符合强制性标准的商品的,应当责令其停止销售,并限期追回已售出的商品,监督销毁或作必要技术处理;没收违反所得;处以该批商品货值金额百分之十至百分之二十的罚款;对有关责任者处以五千元以下罚款。进口不符合强制性标准的产品的,应当封存并没收该产品,监督销毁或作必要技术处理;以处进口产品货值金额百分之二十至百分之五十的罚款;对有关责任者给予行政处分,并可处以五千元以下罚款。本条规定的责令停止生产、行政处分,由有关行政主管部门决定;其他行政处罚由标准化行政主管部门和工商行政管理部门依据职权决定。

第三十四条 生产、销售、进口不符合强制性标准的产品,造成严重后果,构成犯罪的,由司法机关依法追究直接责任人员的刑事责任。

第三十五条 获得认证证书的产品不符合认证标准而使用认证标志出厂销售的,由标准化行政主管部门责令其停止销售,并处以违法所得二倍以下的罚款;情节严重的,由认证部门撤销其认证证书。

第三十六条 产品未经认证或者认证不合格而擅自使用认证标志出厂销售的,由标准化行政主管部门责令其停止销售,处以违法所得三倍以下的罚款,并对单位负责人处以五千元以下罚款。

第三十七条 当事人对没收产品、没收违法所得和罚款的处罚不服的,可以在接到处罚通知之日起十五日内,向作出处罚决定的机关的上一级机关申请复议;对复议决定不服的,可以在接到复议决定之日起十五日内,向人民法院起诉。当事人也可以在接到处罚通知之日起十五日内,直接向人民法院起诉。当事人逾期不申请复议或者不向人民法院起诉又不履行处罚决定的,由作出处罚决定的机关申请人民法院强制执行。

第三十八条 本条例第三十二条至第三十六条规定的处罚不免除由此产生的对他人的损害赔偿责任。受到损害的有权要求责任人赔偿损失。赔偿责任和赔偿金额纠纷可以由有关行政主管部门处理,当事人也可以直接向人民法院起诉。

第三十九条 标准化工作的监督、检验、管理人员有下列行为之一的,由有关主管部门给予行政处分,构成犯罪的,由司法机关依法追究刑事责任:

(一)违反本条例规定,工作失误,造成损失的;

(二)伪造、篡改检验数据的;

(三)徇私舞弊、滥用职权、索贿受贿的。

第四十条 罚没收入全部上缴财政。对单位的罚款,一律从其自有资金中支付,不得列入成本。对责任人的罚款,不得从公款中核销。

第六章 附 则

第四十一条 军用标准化管理条例,由国务院、中央军委另行制定。

第四十二条 工程建设标准化管理规定,由国务院工程建设主管部门依据《标准化法》和本条例的有关规定另行制定,报国务院批准后实施。

第四十三条 本条例由国家技术监督局负责解释。

第四十四条 本条例自发布之日起施行。

七、中华人民共和国产品质量法

(1993年2月22日第七届全国人民代表大会常务委员会第三十次会议通过根据2000年7月8日第九届全国人民代表大会常务委员会第十六次会议《关于修改〈中华人民共和国产品质量法〉的决定》修正)

第一章 总　　则

第一条　为了加强对产品质量的监督管理,提高产品质量水平,明确产品质量责任,保护消费者的合法权益,维护社会经济秩序,制定本法。

第二条　在中华人民共和国境内从事产品生产、销售活动,必须遵守本法。本法所称产品是指经过加工、制作,用于销售的产品。建设工程不适用本法规定;但是,建设工程使用的建筑材料、建筑构配件和设备,属于前款规定的产品范围的,适用本法规定。

第三条　生产者、销售者应当建立健全内部产品质量管理制度,严格实施岗位质量规范、质量责任以及相应的考核办法。

第四条　生产者、销售者依照本法规定承担产品质量责任。

第五条　禁止伪造或者冒用认证标志等质量标志;禁止伪造产品的产地,伪造或者冒用他人的厂名、厂址;禁止在生产、销售的产品中掺杂、掺假,以假充真,以次充好。

第六条　国家鼓励推行科学的质量管理方法,采用先进的科学技术,鼓励企业产品质量达到并且超过行业标准、国家标准和国际标准。对产品质量管理先进和产品质量达到国际先进水平、成绩显著的单位和个人,给予奖励。

第七条　各级人民政府应当把提高产品质量纳入国民经济和社会发展规划,加强对产品质量工作的统筹规划和组织领导,引导、督促生产者、销售者加强产品质量管理,提高产品质量,组织各有关部门依法采取措施,制止产品生产、销售中违反本法规定的行为,保障本法的施行。

第八条　国务院产品质量监督部门主管全国产品质量监督工作。国务院有关部门在各自的职责范围内负责产品质量监督工作。县级以上地方产品质量监督部门主管本行政区域内的产品质量监督工作。县级以上地方人民政府有关部门在各自的职责范围内负责产品质量监督工作。法律对产品质量的监督部门另有规定的,依照有关法律的规定执行。

第九条　各级人民政府工作人员和其他国家机关工作人员不得滥用职权、玩忽职守或者徇私舞弊,包庇、放纵本地区、本系统发生的产品生产、销售中违反本法规定的行为,或者阻挠、干预依法对产品生产、销售中违反本法规定的行为进行查处。各级地方人民政府和其他国家机关有包庇、放纵产品生产、销售中违反本法规定的行为的,依法追究其主要负责人的法律责任。

第十条　任何单位和个人有权对违反本法规定的行为,向产品质量监督部门或者其他有关部门检举。产品质量监督部门和有关部门应当为检举人保密,并按照省、自治区、直辖市人民政府的规定给予奖励。

第十一条　任何单位和个人不得排斥非本地区或者非本系统企业生产的质量合格产品进入本地区、本系统。

第二章 产品质量的监督

第十二条 产品质量应当检验合格,不得以不合格产品冒充合格产品。

第十三条 可能危及人体健康和人身、财产安全的工业产品,必须符合保障人体健康和人身、财产安全的国家标准、行业标准;未制定国家标准、行业标准的,必须符合保障人体健康和人身、财产安全的要求。禁止生产、销售不符合保障人体健康和人身、财产安全的标准和要求的工业产品。具体管理办法由国务院规定。

第十四条 国家根据国际通用的质量管理标准,推行企业质量体系认证制度。企业根据自愿原则可以向国务院产品质量监督部门认可的或者国务院产品质量监督部门授权的部门认可的认证机构申请企业质量体系认证。经认证合格的,由认证机构颁发企业质量体系认证证书。国家参照国际先进的产品标准和技术要求,推行产品质量认证制度。企业根据自愿原则可以向国务院产品质量监督部门认可的或者国务院产品质量监督部门授权的部门认可的认证机构申请产品质量认证。经认证合格的,由认证机构颁发产品质量认证证书,准许企业在产品或者其包装上使用产品质量认证标志。

第十五条 国家对产品质量实行以抽查为主要方式的监督检查制度,对可能危及人体健康和人身、财产安全的产品,影响国计民生的重要工业产品以及消费者、有关组织反映有质量问题的产品进行抽查。抽查的样品应当在市场上或者企业成品仓库内的待销产品中随机抽取。监督抽查工作由国务院产品质量监督部门规划和组织。县级以上地方产品质量监督部门在本行政区域内也可以组织监督抽查。法律对产品质量的监督检查另有规定的,依照有关法律的规定执行。国家监督抽查的产品,地方不得另行重复抽查;上级监督抽查的产品,下级不得另行重复抽查。根据监督抽查的需要,可以对产品进行检验。检验抽取样品的数量不得超过检验的合理需要,并不得向被检查人收取检验费用。监督抽查所需检验费用按照国务院规定列支。生产者、销售者对抽查检验的结果有异议的,可以自收到检验结果之日起十五日内向实施监督抽查的产品质量监督部门或者其上级产品质量监督部门申请复检,由受理复检的产品质量监督部门作出复检结论。

第十六条 对依法进行的产品质量监督检查,生产者、销售者不得拒绝。

第十七条 依照本法规定进行监督抽查的产品质量不合格的,由实施监督抽查的产品质量监督部门责令其生产者、销售者限期改正。逾期不改正的,由省级以上人民政府产品质量监督部门予以公告;公告后经复查仍不合格的,责令停业,限期整顿;整顿期满后经复查产品质量仍不合格的,吊销营业执照。监督抽查的产品有严重质量问题的,依照本法第五章的有关规定处罚。

第十八条 县级以上产品质量监督部门根据已经取得的违法嫌疑证据或者举报,对涉嫌违反本法规定的行为进行查处时,可以行使下列职权:

(一)对当事人涉嫌从事违反本法的生产、销售活动的场所实施现场检查;

(二)向当事人的法定代表人、主要负责人和其他有关人员调查、了解与涉嫌从事违反本法的生产、销售活动有关的情况;

(三)查阅、复制当事人有关的合同、发票、账簿以及其他有关资料;

(四)对有根据认为不符合保障人体健康和人身、财产安全的国家标准、行业标准的产品或者有其他严重质量问题的产品,以及直接用于生产、销售该项产品的原辅材料、包装物、生产工具,予以查封或者扣押。

县级以上工商行政管理部门按照国务院规定的职责范围,对涉嫌违反本法规定的行为进行查处时,可以行使前款规定的职权。

第十九条 产品质量检验机构必须具备相应的检测条件和能力,经省级以上人民政府产品质量监督部门或者其授权的部门考核合格后,方可承担产品质量检验工作。法律、行政法规对产品质量检验机构另有规定的,依照有关法律、行政法规的规定执行。

第二十条 从事产品质量检验、认证的社会中介机构必须依法设立,不得与行政机关和其他国家机关存在隶属关系或者其他利益关系。

第二十一条 产品质量检验机构、认证机构必须依法按照有关标准,客观、公正地出具检验结果或者认证证明。产品质量认证机构应当依照国家规定对准许使用认证标志的产品进行认证后的跟踪检查;对不符合认证标准而使用认证标志的,要求其改正;情节严重的,取消其使用认证标志的资格。

第二十二条 消费者有权就产品质量问题,向产品的生产者、销售者查询;向产品质量监督部门、工商行政管理部门及有关部门申诉,接受申诉的部门应当负责处理。

第二十三条 保护消费者权益的社会组织可以就消费者反映的产品质量问题建议有关部门负责处理,支持消费者对因产品质量造成的损害向人民法院起诉。

第二十四条 国务院和省、自治区、直辖市人民政府的产品质量监督部门应当定期发布其监督抽查的产品的质量状况公告。

第二十五条 产品质量监督部门或者其他国家机关以及产品质量检验机构不得向社会推荐生产者的产品;不得以对产品进行监制、监销等方式参与产品经营活动。

第三章 生产者、销售者的产品质量责任和义务

第一节 生产者的产品质量责任和义务

第二十六条 生产者应当对其生产的产品质量负责。产品质量应当符合下列要求:

(一)不存在危及人身、财产安全的不合理的危险,有保障人体健康和人身、财产安全的国家标准、行业标准的,应当符合该标准;

(二)具备产品应当具备的使用性能,但是,对产品存在使用性能的瑕疵作出说明的除外;

(三)符合在产品或者其包装上注明采用的产品标准,符合以产品说明、实物样品等方式表明的质量状况。

第二十七条 产品或者其包装上的标识必须真实,并符合下列要求:

(一)有产品质量检验合格证明;

(二)有中文标明的产品名称、生产厂厂名和厂址;

(三)根据产品的特点和使用要求,需要标明产品规格、等级、所含主要成份的名称和含量的,用中文相应予以标明;需要事先让消费者知晓的,应当在外包装上标明,或者预先向消费者提供有关资料;

(四)限期使用的产品,应当在显著位置清晰地标明生产日期和安全使用期或者失效日期;

(五)使用不当,容易造成产品本身损坏或者可能危及人身、财产安全的产品,应当有警示标志或者中文警示说明。裸装的食品和其他根据产品的特点难以附加标识的裸装产品,可以不附加产品标识。

第二十八条 易碎、易燃、易爆、有毒、有腐蚀性、有放射性等危险物品以及储运中不能倒置和其他有特殊要求的产品,其包装质量必须符合相应要求,依照国家有关规定作出警示标志或者中文警示说明,标明储运注意事项。

第二十九条 生产者不得生产国家明令淘汰的产品。

第三十条 生产者不得伪造产地,不得伪造或者冒用他人的厂名、厂址。

第三十一条 生产者不得伪造或者冒用认证标志等质量标志。

第三十二条 生产者生产产品,不得掺杂、掺假,不得以假充真、以次充好,不得以不合格产品冒充合格产品。

第二节 销售者的产品质量责任和义务

第三十三条 销售者应当建立并执行进货检查验收制度,验明产品合格证明和其他标识。

第三十四条 销售者应当采取措施,保持销售产品的质量。

第三十五条 销售者不得销售国家明令淘汰并停止销售的产品和失效、变质的产品。

第三十六条 销售者销售的产品的标识应当符合本法第二十七条的规定。

第三十七条 销售者不得伪造产地,不得伪造或者冒用他人的厂名、厂址。

第三十八条 销售者不得伪造或者冒用认证标志等质量标志。

第三十九条 销售者销售产品,不得掺杂、掺假,不得以假充真、以次充好,不得以不合格产品冒充合格产品。

第四章 损害赔偿

第四十条 售出的产品有下列情形之一的,销售者应当负责修理、更换、退货;给购买产品的消费者造成损失的,销售者应当赔偿损失:

(一)不具备产品应当具备的使用性能而事先未作说明的;

(二)不符合在产品或者其包装上注明采用的产品标准的;

(三)不符合以产品说明、实物样品等方式表明的质量状况的。

销售者依照前款规定负责修理、更换、退货、赔偿损失后,属于生产者的责任或者属于向销售者提供产品的其他销售者(以下简称供货者)的责任的,销售者有权向生产者、供货者追偿。

销售者未按照第一款规定给予修理、更换、退货或者赔偿损失的,由产品质量监督部门或者工商行政管理部门责令改正。

生产者之间,销售者之间,生产者与销售者之间订立的买卖合同、承揽合同有不同约定的,合同当事人按照合同约定执行。

第四十一条 因产品存在缺陷造成人身、缺陷产品以外的其他财产(以下简称他人财产)损害的,生产者应当承担赔偿责任。生产者能够证明有下列情形之一的,不承担赔偿责任:

(一)未将产品投入流通的;

(二)产品投入流通时,引起损害的缺陷尚不存在的;

(三)将产品投入流通时的科学技术水平尚不能发现缺陷的存在的。

第四十二条 由于销售者的过错使产品存在缺陷,造成人身、他人财产损害的,销售者应当承担赔偿责任。销售者不能指明缺陷产品的生产者也不能指明缺陷产品的供货者的,销售者应当承担赔偿责任。

第四十三条 因产品存在缺陷造成人身、他人财产损害的,受害人可以向产品的生产者要求赔偿,也可以向产品的销售者要求赔偿。属于产品的生产者的责任,产品的销售者赔偿的,产品的销售者有权向产品的生产者追偿。属于产品的销售者的责任,产品的生产者赔偿的,产品的生产者有权向产品的销售者追偿。

第四十四条 因产品存在缺陷造成受害人人身伤害的,侵害人应当赔偿医疗费、治疗期间的护理费、因误工减少的收入等费用;造成残疾的,还应当支付残疾者生活自助费、生活补助费、残疾赔偿金以及由其扶养的人所必需的生活费等费用;造成受害人死亡的,并应当支付丧葬费、死亡赔偿金以及由死者生前扶养的人所必需的生活费等费用。因产品存在缺陷造成受害人财产损失的,侵害人应当恢复原状或者折价赔偿。受害人因此遭受其他重大损失的,侵害人应当赔偿损失。

第四十五条 因产品存在缺陷造成损害要求赔偿的诉讼时效期间为二年,自当事人知道或者应当知道其权益受到损害时起计算。因产品存在缺陷造成损害要求赔偿的请求权,在造成损害的缺陷产品交付最初消费者满十年丧失;但是,尚未超过明示的安全使用期的除外。

第四十六条 本法所称缺陷,是指产品存在危及人身、他人财产安全的不合理的危险;产品有保障人体健康和人身、财产安全的国家标准、行业标准的,是指不符合该标准。

第四十七条 因产品质量发生民事纠纷时,当事人可以通过协商或者调解解决。当事人不愿通过协商、调解解决或者协商、调解不成的,可以根据当事人各方的协议向仲裁机构申请仲裁;当事人各方没有达成仲裁协议或者仲裁协议无效的,可以直接向人民法院起诉。

第四十八条 仲裁机构或者人民法院可以委托本法第十九条规定的产品质量检验机构,对有关产品质量进行检验。

第五章 罚 则

第四十九条 生产、销售不符合保障人体健康和人身、财产安全的国家标准、行业标准的产品的,责令停止生产、销售,没收违法生产、销售的产品,并处违法生产、销售产品(包括已售出和未售出的产品,下同)货值金额等值以上三倍以下的罚款;有违法所得的,并处没收违法所得;情节严重的,吊销营业执照;构成犯罪的,依法追究刑事责任。

第五十条 在产品中掺杂、掺假,以假充真,以次充好,或者以不合格产品冒充合格产品的,责令停止生产、销售,没收违法生产、销售的产品,并处违法生产、销售产品货值金额百分之五十以上三倍以下的罚款;有违法所得的,并处没收违法所得;情节严重的,吊销营业执照;构成犯罪的,依法追究刑事责任。

第五十一条 生产国家明令淘汰的产品的,销售国家明令淘汰并停止销售的产品的,责令停止生产、销售,没收违法生产、销售的产品,并处违法生产、销售产品货值金额等值以下的罚款;有违法所得的,并处没收违法所得;情节严重的,吊销营业执照。

第五十二条 销售失效、变质的产品的,责令停止销售,没收违法销售的产品,并处违法销售产品货值金额二倍以下的罚款;有违法所得的,并处没收违法所得;情节严重的,吊销营业执照;构成犯罪的,依法追究刑事责任。

第五十三条 伪造产品产地的,伪造或者冒用他人厂名、厂址的,伪造或者冒用认证标志等质量标志的,责令改正,没收违法生产、销售的产品,并处违法生产、销售产品货值金额等值以下的罚款;有违法所得的,并处没收违法所得;情节严重的,吊销营业执照。

第五十四条 产品标识不符合本法第二十七条规定的,责令改正;有包装的产品标识不符合本法第二十七条第(四)项、第(五)项规定,情节严重的,责令停止生产、销售,并处违法生产、销售产品货值金额百分之三十以下的罚款;有违法所得的,并处没收违法所得。

第五十五条 销售者销售本法第四十九条至第五十三条规定禁止销售的产品,有充分证据证明其不知道该产品为禁止销售的产品并如实说明其进货来源的,可以从轻或者减轻处罚。

第五十六条 拒绝接受依法进行的产品质量监督检查的,给予警告,责令改正;拒不改正的,责令停业整顿;情节特别严重的,吊销营业执照。

第五十七条 产品质量检验机构、认证机构伪造检验结果或者出具虚假证明的,责令改正,对单位处五万元以上十万元以下的罚款,对直接负责的主管人员和其他直接责任人员处一万元以上五万元以下的罚款;有违法所得的,并处没收违法所得;情节严重的,取消其检验资格、认证资格;构成犯罪的,依法追究刑事责任。产品质量检验机构、认证机构出具的检验结果或者证明不实,造成损失的,应当承担相应的赔偿责任;造成重大损失的,撤销其检验资格、认证资格。产品质量认证机构违反本法第二十七条第二款的规定,对不符合认证标准而使用认证标志的产品,未依法要求其改正或者取消其使用认证标志资格的,对因产品不符合认证标准给消费者造成的损失,与产品的生产者、销售者承担连带责任;情节严重的,撤销其认证资格。

第五十八条　社会团体、社会中介机构对产品质量作出承诺、保证,而该产品又不符合其承诺、保证的质量要求,给消费者造成损失的,与产品的生产者、销售者承担连带责任。

第五十九条　在广告中对产品质量作虚假宣传,欺骗和误导消费者的,依照《中华人民共和国广告法》的规定追究法律责任。

第六十条　对生产者专门用于生产本法第四十九条、第五十一条所列的产品或者以假充真的产品的原辅材料、包装物、生产工具,应当予以没收。

第六十一条　知道或者应当知道属于本法规定禁止生产、销售的产品而为其提供运输、保管、仓储等便利条件的,或者为以假充真的产品提供制假生产技术的,没收全部运输、保管、仓储或者提供制假生产技术的收入,并处违法收入百分之五十以上三倍以下的罚款;构成犯罪的,依法追究刑事责任。

第六十二条　服务业的经营者将本法第四十九条至第五十二条规定禁止销售的产品用于经营性服务的,责令停止使用;对知道或者应当知道所使用的产品属于本法规定禁止销售的产品的,按照违法使用的产品(包括已使用和尚未使用的产品)的货值金额,依照本法对销售者的处罚规定处罚。

第六十三条　隐匿、转移、变卖、损毁被产品质量监督部门或者工商行政管理部门查封、扣押的物品的,处被隐匿、转移、变卖、损毁物品货值金额等值以上三倍以下的罚款;有违法所得的,并处没收违法所得。

第六十四条　违反本法规定,应当承担民事赔偿责任和缴纳罚款、罚金,其财产不足以同时支付时,先承担民事赔偿责任。

第六十五条　各级人民政府工作人员和其他国家机关工作人员有下列情形之一的,依法给予行政处分;构成犯罪的,依法追究刑事责任:

(一)包庇、放纵产品生产、销售中违反本法规定行为的;

(二)向从事违反本法规定的生产、销售活动的当事人通风报信,帮助其逃避查处的;

(三)阻挠、干预产品质量监督部门或者工商行政管理部门依法对产品生产、销售中违反本法规定的行为进行查处,造成严重后果的。

第六十六条　产品质量监督部门在产品质量监督抽查中超过规定的数量索取样品或者向被检查人收取检验费用的,由上级产品质量监督部门或者监察机关责令退还;情节严重的,对直接负责的主管人员和其他直接责任人员依法给予行政处分。

第六十七条　产品质量监督部门或者其他国家机关违反本法第二十五条的规定,向社会推荐生产者的产品或者以监制、监销等方式参与产品经营活动的,由其上级机关或者监察机关责令改正,消除影响,有违法收入的予以没收;情节严重的,对直接负责的主管人员和其他直接责任人员依法给予行政处分。产品质量检验机构有前款所列违法行为的,由产品质量监督部门责令改正,消除影响,有违法收入的予以没收,可以并处违法收入一倍以下的罚款;情节严重的,撤销其质量检验资格。

第六十八条　产品质量监督部门或者工商行政管理部门的工作人员滥用职权、玩忽职守、徇私舞弊,构成犯罪的,依法追究刑事责任;尚不构成犯罪的,依法给予行政处分。

第六十九条 以暴力、威胁方法阻碍产品质量监督部门或者工商行政管理部门的工作人员依法执行职务的,依法追究刑事责任;拒绝、阻碍未使用暴力、威胁方法的,由公安机关依照治安管理处罚条例的规定处罚。

第七十条 本法规定的吊销营业执照的行政处罚由工商行政管理部门决定,本法第四十九条至第五十七条、第六十条至第六十三条规定的行政处罚由产品质量监督部门或者工商行政管理部门按照国务院规定的职权范围决定。法律、行政法规对行使行政处罚权的机关另有规定的,依照有关法律、行政法规的规定执行。

第七十一条 对依照本法规定没收的产品,依照国家有关规定进行销毁或者采取其他方式处理。

第七十二条 本法第四十九条至第五十四条、第六十二条、第六十三条所规定的货值金额以违法生产、销售产品的标价计算;没有标价的,按照同类产品的市场价格计算。

第六章 附 则

第七十三条 军工产品质量监督管理办法,由国务院、中央军事委员会另行制定。因核设施、核产品造成损害的赔偿责任,法律、行政法规另有规定的,依照其规定。

第七十四条 本法自 1993 年 9 月 1 日起施行。

八、中华人民共和国强制检定的工作计量器具检定管理办法

第一条 为适应社会主义现代化建设需要,维护国家和消费者的利益,保护人民健康和生命、财产的安全,加强对强制检定的工作计量器具的管理,根据《中华人民共和国计量法》第九条的规定,制定本办法。

第二条 强制检定是指由县级以上人民政府计量行政部门所属或者授权的计量检定机构,对用于贸易结算、安全防护、医疗卫生、环境监测方面,并列入本办法所附《中华人民共和国强制检定的工作计量器具目录》的计量器具实行定点定期检定。进行强制检定工作及使用强制检定的工作计量器具,适用本办法。

第三条 县级以上人民政府计量行政部门对本行政区域内的强制检定工作统一实施监督管理,并按照经济合理、就地就近的原则,指定所属或者授权的计量检定机构执行强制检定任务。

第四条 县级以上人民政府计量行政部门所属计量检定机构,为实施国家强制检定所需要的计量标准和检定设施由当地人民政府负责配备。

第五条 使用强制检定的工作计量器具的单位或者个人,必须按照规定将其使用的强制检定的工作计量器具登记造册,报当地县(市)级人民政府计量行政部门备案,并向其指定的计量检定机构申请周期检定。当地不能检定的,向上一级人民政府计量行政部门指定的计量检定机构申请周期检定。

第六条 强制检定的周期,由执行强制检定的计量检定机构确定。

第七条 属于强制检定的工作计量器具,未按照本办法规定申请检定或者经检定不合格的,任何单位或者个人不得使用。

第八条 国务院计量行政部门和各省、自治区、直辖市人民政府计量行政部门应当对各种强制检定的工作计量器具作出检定期限的规定。执行强制检定工作的机构应当在规定期限内按时完成检定。

第九条 执行强制检定的机构对检定合格的计量器具,发给国家统一规定的检定证书、检定合格证或者在计量器具上加盖检定合格印;对检定不合格的,发给检定结果通知书或者注销原检定合格印、证。

第十条 县级以上人民政府计量行政部门按照有利于管理、方便生产和使用的原则,结合本地区的实际情况,可以授权有关单位的计量检定机构在规定的范围内执行强制检定工作。

第十一条 被授权执行强制检定任务的机构,其相应的计量标准,应当接受计量基准或者社会公用计量标准的检定;执行强制检定的人员,必须经授权单位考核合格;授权单位应当对其检定工作进行监督。

第十二条 被授权执行强制检定任务的机构成为计量纠纷中当事人一方时,按照《中华人民共和国计量法实施细则》的有关规定处理。

第十三条 企业、事业单位应当对强制检定的工作计量器具的使用加强管理,制定相应的规章制度,保证按照周期进行检定。

第十四条 使用强制检定的工作计量器具的任何单位或者个人,计量监督、管理人员和执行强制检定工作的计量检定人员,违反本办法规定的,按照《中华人民共和国计量法实施细则》的有

关规定,追究法律责任。

第十五条 执行强制检定工作的机构,违反本办法第八条规定拖延检定期限的,应当按照送检单位的要求,及时安排检定,并免收检定费。

第十六条 国务院计量行政部门可以根据本办法和《中华人民共和国强制检定的工作计量器具目录》,制定强制检定的工作计量器具的明细目录。

第十七条 本办法由国务院计量行政部门负责解释。

第十八条 本办法自1987年7月7日起施行。

附件:《中华人民共和国强制检定的工作计量器具目录》

下列工作计量器具,凡用于贸易结算、安全防护、医疗卫生、环境监测的,实行强制检定:

1. 尺
2. 面积计
3. 玻璃液体温度计
4. 体温计
5. 石油闪点温度计
6. 谷物水分测定仪
7. 热量计
8. 砝码
9. 天平
10. 秤
11. 定量包装机
12. 轨道衡
13. 容重器
14. 计量罐、计量罐车
15. 燃油加油机
16. 游体量提
17. 食用油售油器
18. 酒精计
19. 密度计
20. 糖量计
21. 乳汁计
22. 煤气表
23. 水表
24. 流量计
25. 压力表
26. 血压计
27. 眼压计
28. 汽车里程表
29. 出租汽车里程计价表
30. 测速仪
31. 测振仪
32. 电度表
33. 测量互感器
34. 绝缘电阻、接地电阻测量仪
35. 场强计
36. 心、脑电图仪
37. 照射量计(含医用辐射源)
38. 电离辐射防护仪
39. 活度计
40. 激光能量、功率计(含医用激光源)
41. 超声功率计(含医用超声源)
42. 声级计
43. 听力计
44. 有害气体分析仪
45. 酸度计
46. 瓦斯计
47. 测汞仪
48. 火焰光度计
49. 分光光度计
50. 比色计
51. 烟尘、粉尘测量仪
52. 水质污染监测仪
53. 呼出气体酒清含量探测器
54. 血球计数器
55. 屈光度计

九、中华人民共和国依法管理的计量器具目录

(1987年7月10日国家计量局[87]量局法字第231号发布)

一、根据《中华人民共和国计量法实施细则》第六十一条、第六十三条的规定,制定本目录。
二、本目录所列的各类计量器具为依法管理的范围,项目名称为:
(一)计量基准:项目名称另行公布。
(二)计量标准和工作计量器具:

1. 长度计量器具

比长仪、干涉仪、稳频激光器、测长机、测长仪、工具显微镜、读数显微镜、光学计、测量用投影仪、三坐标测量仪、球径仪、球径仪样板、圆度仪、锥度测量仪、孔径测量仪、比较仪、测微仪、光学仪器检具、量块、尺、基线尺、线纹尺、光栅尺、光栅测量装置、磁尺、容栅尺、水准标尺、感应同步器、测绳、卡尺、千分尺、百分表、千分表、测微计、小孔内径表、平晶、刀口尺、棱尺、平尺、测量平板、木直尺检定器、千分尺检具、百分表检定器、千分表检定仪、测微仪检定器、多面棱体、度盘、测角仪、分度台、分度头、准直仪、角度块、角度规、直角尺、正弦尺、方箱、水平仪、象限仪、直角尺检仪、水平仪检定器、塞规、卡规、环规、圆锥套规、塞尺、半径样板、螺纹量规、螺纹样板、三针、粗糙度样板、粗糙度测量显微镜、表面轮廓仪、齿轮渐开线检查仪、齿轮周节检查仪、齿轮基节检查仪、齿轮啮合检查仪、齿轮径向跳动检查仪、齿轮螺旋检查仪、齿轮公法检查仪、正切齿厚规、万能测齿仪、齿轮参数综合测量仪、齿轮渐开线样板、齿轮螺旋线样板、丝杠检查仪、经纬仪、水准仪、平板仪、高度表、测距仪、测厚仪、刀具检查仪、轴承检查仪、面积计、皮革面积板。

2. 热学计量器具

热电偶、热电阻、温度灯、温度计、高温计、辐射感温器、体温计、温度计检定装置、电子电位差计、电子平衡电桥、高温毫伏计、比率计、温度指示调节仪、温度变送器、温度自动控制仪、温度巡回检测仪、测温电桥、热量计、比热装置、热物性测定装置、热流计、热像仪。

3. 力学计量器具

砝码、天平、秤、定量包装机、称重传感器、轨道衡、检衡车、台秤检定器、量器、量提、注射器、计量罐、计量罐车、加油机、售油器、容重器、密度计、酒精计、乳汁计、糖量计、盐量计、压力计、压力真空计、气压计、微压计、眼压计、血压计、压力表、压力真空表、微压表、压力变送器、压力传感器、压力表校验仪、血压计检定器、真空计、流量计、水表、煤气表、明渠流量测量仪、流速计、流量二次仪表、流量变送器、流量检定装置、标准体积管、水表检定装置、硬度块、压头、硬度计、测力机、测力计、扭矩机、扭矩计、拉力表、力传感器、冲击试验机、疲劳试验机、拉力试验机、压力试验机、弯曲试验机、万能材料机、抗折试验机、无损检测仪、杯突试验机、扭转试验机、高温蠕变试验机、木材试验机、强力计、应变仪、应变仪检定装置、引伸计、应变计参数测量装置、应变模拟仪、振动检定装置、振动台、冲击检定装置、冲击试验台、加速度仪、测振仪、振动冲击测量仪、振动传感器、速度传感器、重力仪、转速表检定装置、速度表、测速仪、转速表、里程表、里程计价表、里程计价表检定装置。

4. 电磁学计量器具

标准电池、标准电压源、标准电流源、标准电功率源、标准电阻、电阻箱、标准电容、测量用可变

电容器、电容箱、标准电感、标准互感线圈、电感箱、电位差计、标准电池比较仪、电桥、电阻测量仪、欧姆表、毫欧计、兆欧表、高阻计、电表检定装置、电流表、毫安表、微安表、电压表、毫伏表、微伏表、电功率表、频率表、功率因素表、相位表、检流计、万用表、电度表、电度表检定装置、互感器检验仪、互感检定装置、测量互感器、感应分压器、直流分压箱、分流计、磁性材料磁特性测量装置、标准磁性材料、标准磁带、磁通量具、磁通测量线圈、磁通计、磁强计。

5. 无线电计量器具

高频电压标准、同轴热电转换器、微电位计、高频电压表、高频毫伏表、高频微伏表、低频电压标准源、低频电压表、高频电流表、校准接收机、标准信号发生器、调幅度仪、频偏仪、调制度仪、失真度仪检定装置、失真度仪、低失真信号发生器、音频分析仪、脉冲发生器时标发生器、标准脉冲幅度发生器、脉冲电压表、高频阻抗分析仪、高频标准电阻、高频标准电感、高频标准电容、Q 表、高频 Q 值标准线圈、高频介质标准样片、高频电容损耗标准、高频零示电桥、谐振式阻抗仪、矢量阻抗表、矢量阻抗分析仪、高频电容损耗仪、高频介质损耗仪、高频微波功率座、高频微波功率计、高频微波功率指示器、高频微波功率计校准装置、衰减器校准装置、衰减器。相位标准、相位计、移相器、相位发生器、微波阻抗标准装置、微波阻抗标准负载、测量线、反射计、阻抗图示仪、网络分析仪、高微频微波噪声发生器、高频微波噪声测量仪、标准场强发生器、高频近区标准场装置、微波标准天线、高频场强计、微波漏能仪、测量接收机、干扰测量仪、脉冲响应校准器、晶体管图示仪、晶体管图示仪校准装置、晶体管参数测试仪、电子管参数测试仪、频谱分析仪、波形分析仪、电视综合测试仪、电视参数测试仪、示波器、示波器校准仪、抖晃仪、雷达综合测试仪、心电图仪检定装置、脑电图仪检定装置、心脑电图仪、半导体材料工艺参数测量标准、半导体材料工艺参数测量仪、集成电路参数测量标准、集成电路参数测量仪。

6. 时间频率计量器具

原子频率标准、石英晶体频率标准、频率合成器、频标比对器、相位噪声测量装置、比相仪、彩色电视副载频校频仪、频率计、频率表、频率计数器、时间间隔计数器、时间合成器、原子钟、标准石英钟、精密钟检定仪、精密钟、航海钟、校表仪、时钟检定仪、秒表检定仪、秒表、电子毫秒表、电子计时器。

7. 声学计量器具

测量用传声器、标准传声器、声极校准器、声级计、杂音计、声学标准噪声源、倍频程与 1/3 频程滤波器、仿真耳、水听器、听力计、耳机测量标准耦合腔、助听器测量仪、超声功率计、医用超声源。

8. 光学计量器具

光学标准灯、微弱光标准、积分球、脉冲光测量仪、光探测器、照度计、亮度计、色温计、标准黑体、标准色板、色差计、白度计、测色光谱光度计、标准滤色片、感光度标准、感光仪、光密度计、激光能量计、激光功率计、医用激光源、标准鉴别率板、折射计、焦距仪、光学传递函数仪、屈光度计、验光镜片、验光机、光泽度计。

9. 电离辐射计量器具

标准辐射源、活度标准装置、活度计、4πγ 电离室、医用活度测量装置、γ 谱仪、X 谱仪、电离辐射计数器、比释动能测量仪、剂量标准装置、剂量计、剂量率标准装置、剂量率测量仪、剂量当量仪、中子雷姆计、剂量当量率仪、照射量标准装置、照射量计、医用辐射源、照射量率标准装置、注量标准装置、注量测量仪、注量率标准装置、注量率测量仪、活化探测器、电子束能量测量仪、电离辐射防护仪。

10. 物理化学计量器具

电导仪、酸度计、离度计、电位滴定仪、库仑计、极谱仪、伏安分析仪、比色计、分光光度计、光度计、光谱仪、旋光仪、折射率仪、浊度计、色谱仪、电泳仪、烟尘粉尘测量仪、粒度测量仪、水质监测仪、测氡仪、气体分析仪、瓦斯计、测汞仪、测爆仪、呼出气体酒精含量探测器、熔点测定仪、水份测定仪、湿度计、标准湿度发生器、露点仪、黏度计、测量用电子显微镜、X光衍射仪、能谱仪、电子探针、离子探针、质谱仪、波谱仪、血球计数器、验血板。

11. 标准物质

钢铁成分分析标准物质、有色金属成分分析标准物质、建材成分分析标准物质、核材料成分分析与放射性测量标准物质、高分子材料特性测量标准物质、化工产品成分分析标准物质、地质矿产成分分析标准物质、环境化学分析标准物质、临床化学分析与药品成分分析标准物质、食品成分分析标准物质、煤炭石油成分分析和物理特性测量标准物质、物理特性与物理化学特性测量物质、工程技术特性测量标准物质。

12. 专用计量器具

(三)属于计量基准、计量标准和工作计量器具的新产品。

三、专用计量器具的具体项目名称,由国务院有关部门计量机构拟定,报国务院计量行政部门审核后另行发布。

四、本目录由国务院计量行政部门负责解释。

五、本目录自发布之日起施行。

国家质量技术监督局令

(第 4 号)

《产品质量仲裁检验和产品质量鉴定管理办法》,已于 1999 年 3 月 10 日经国家质量技术监督局局务会议通过,现予发布施行。

局长:李传卿
一九九九年四月一日

十、产品质量仲裁检验和产品质量鉴定管理办法

第一章 总 则

第一条 为了加强对产品质量仲裁检验和产品质量鉴定工作的管理,正确判定产品质量状况,处理产品质量争议,保护当事人的合法权益,根据国家法律法规及国务院赋予质量技术监督部门的职责,制定本办法。

第二条 产品质量仲裁检验和产品质量鉴定是在处理产品质量争议时判定产品质量状况的重要方式。

第三条 产品质量仲裁检验(以下简称仲裁检验)是指经省级以上产品质量技术监督部门或者其授权的部门考核合格的产品质量检验机构(以下简称质检机构),在考核部门授权其检验的产品范围内根据申请人的委托要求,对质量争议的产品进行检验,出具仲裁检验报告的过程。

第四条 产品质量鉴定(以下简称质量鉴定)是指省级以上质量技术监督部门指定的鉴定组织单位,根据申请人的委托要求,组织专家对质量争议的产品进行调查、分析、判定,出具质量鉴定报告的过程。

第五条 仲裁检验和质量鉴定工作应当坚持公正、公平、科学、求实的原则。

第六条 处理产品质量争议以按照本办法出具的仲裁检验报告和质量鉴定报告为准。

第七条 法律、行政法规对仲裁检验和质量鉴定另有规定的,从其规定。

第二章 仲裁检验

第八条 下列申请人有权提出仲裁检验申请:
(一)司法机关;
(二)仲裁机构;
(三)质量技术监督部门或者其他行政管理部门;
(四)处理产品质量纠纷的有关社会团体;
(五)产品质量争议双方当事人。

申请人可以直接向质检机构提出申请,也可以通过质量技术监督部门向质检机构提出申请。

第九条 质检机构不受理下列仲裁检验申请:

(一)申请人不符合本办法第八条规定的;

(二)没有相应的检验依据的;

(三)受科学技术水平限制,无法实施检验的;

(四)司法机关、仲裁机构已经对产品质量争议做出生效判决和决定的。

第十条 申请人申请仲裁检验应当与质检机构签订仲裁检验委托书,明确仲裁检验的委托事项,并提供仲裁检验所需要的有关资料。

仲裁检验委托书包括以下事项和内容:

(一)委托仲裁检验产品的名称、规格型号、出厂等级,生产企业名称、生产日期、生产批号;

(二)申请人的名称、地址及联系方式;

(三)委托仲裁检验的依据和检验项目;

(四)批量产品仲裁检验的抽样方式;

(五)完成仲裁检验的时间要求;

(六)仲裁检验的费用、交付方式及交付时间;

(七)违约责任;

(八)申请人和质检机构代表签章和时间;

(九)其他必要的约定。

第十一条 仲裁检验的质量判定依据:

(一)法律、法规规定或者国家强制性标准规定的质量要求;

(二)法律、法规或者国家强制性标准未作规定的,执行争议双方当事人约定的产品标准或者有关质量要求;

(三)法律、法规或者国家强制性标准未作规定,争议双方当事人也未作约定的,执行提供产品一方所明示的质量要求。

第十二条 批量产品仲裁检验的,抽样按照下列要求进行:

(一)国家强制性标准对抽样有规定的,按规定进行;

(二)国家强制性标准对抽样没有规定的,按争议双方当事人约定进行;

(三)争议双方当事人不能协商一致时,由质检机构提出抽样方案,经申请人确认后抽取样品。

第十三条 产品抽样、封样由质检机构负责的,应当由申请人通知争议双方当事人到场。争议双方当事人不到场的,应当由申请人到场或者由其提供同意抽样、封样的书面意见。

第十四条 仲裁检验的检验方法:

(一)国家强制性标准有检验方法规定的,按规定执行;

(二)国家强制性标准没有检验方法规定的,执行生产方出厂检验方法;

(三)生产方没有出厂检验方法的或者提供不出检验方法的,执行申请人征求争议双方当事人同意的检验方法或者申请人确认的质检机构提供的检验方法。

第十五条 质检机构应当在约定的时间内出具仲裁检验报告。质检机构负责对批量产品抽样的,仲裁检验报告对该批产品有效。

第十六条 质检机构应当妥善保存样品,除损耗品外,样品应当在仲裁检验终结后返还或者按有关约定处理。

第十七条 申请人或者争议双方当事人任何一方对仲裁检验报告有异议的,应当在收到仲裁检验报告之日起十五日内向受理仲裁检验的质检机构提出,质检机构应当认真处理,并予以答复。对质检机构的答复仍有异议的,可以向国家质量技术监督局指定的质检机构申请复检,其出具的仲裁检验报告为终局结论。

<h2 style="text-align:center">第三章 质量鉴定</h2>

第十八条 下列申请人有权向省级以上质量技术监督部门提出质量鉴定申请：

（一）司法机关；

（二）仲裁机构；

（三）质量技术监督部门或者其他行政管理部门；

（四）处理产品质量纠纷的有关社会团体；

（五）产品质量争议双方当事人。

第十九条 质量技术监督部门不接受下列质量鉴定申请：

（一）申请人不符合本办法第十八条规定的；

（二）未提供产品质量要求的；

（三）产品不具备鉴定条件的；

（四）受科学技术水平限制，无法实施鉴定的；

（五）司法机关、仲裁机构已经对产品质量争议做出生效判决和决定的。

第二十条 省级以上质量技术监督部门负责指定质量鉴定组织单位承担质量鉴定工作。质量鉴定组织单位可以是质检机构，也可以是科研机构、大专院校或者社会团体。

第二十一条 申请人应当与质量鉴定组织单位签订委托书，明确质量鉴定的委托事项，并提供质量鉴定所需要的有关资料。

质量鉴定委托书包括以下事项和内容：

（一）委托质量鉴定产品的名称、规格型号、出厂等级、生产企业名称、生产日期、生产批号；

（二）申请人的名称、地址及联系方式；

（三）委托质量鉴定的项目和要求；

（四）完成质量鉴定的时间要求；

（五）质量鉴定的费用、交付方式及交付时间；

（六）违约责任；

（七）申请人和鉴定组织单位代表签章和时间；

（八）其他必要的约定。

第二十二条 质量鉴定组织单位组织三名以上单数专家组成质量鉴定专家组，具体实施质量鉴定工作。

第二十三条 专家组的成员应当从有高级技术职称、相应的专门知识和实际经验的专业技术人员中聘任。

第二十四条 专家组的成员与产品质量争议当事人有利害关系的，应当回避。

第二十五条 专家组可以行使下列权利：

（一）要求申请人提供与质量鉴定有关的资料；

（二）通过申请人向争议双方当事人了解有关情况；

（三）勘察现场；

（四）发表质量鉴定意见。

第二十六条 专家组应当履行下列义务：

（一）正确、及时地作出质量鉴定报告；

（二）解答申请人提出的与质量鉴定报告有关的问题；

(三)遵守组织纪律和保守秘密;
(四)遵守本办法第二十四条有关回避的规定。

第二十七条 专家组负责制订质量鉴定实施方案,独立进行质量鉴定。

第二十八条 质量鉴定需要查看现场,对实物进行勘验的,申请人及争议双方当事人应当到场,积极配合并提供相应的条件。对不予配合,拒不提供必要条件使质量鉴定无法进行的,终止质量鉴定。

第二十九条 质量鉴定需要做检验或者试验的,专家组应当选择符合条件的技术机构进行,并由其出具检验或者试验报告。

第三十条 专家组负责出具质量鉴定报告。

质量鉴定报告包括以下有关事项和内容:
(一)申请人的名称、地址和受理质量鉴定的日期;
(二)质量鉴定的目的、要求;
(三)鉴定产品情况的必要描述;
(四)现场勘验情况;
(五)质量鉴定检验、试验报告;
(六)分析说明;
(七)质量鉴定结论;
(八)鉴定专家组成员签名表;
(九)鉴定报告日期。

第三十一条 质量鉴定组织单位应当对质量鉴定报告进行审查,并对质量鉴定报告负责。

第三十二条 质量鉴定组织单位应当及时将质量鉴定报告交付申请人,并向接受申请的省级以上质量技术监督部门备案。

第三十三条 申请人或者质量争议双方当事人任何一方对质量鉴定报告有异议的,应当在收到质量鉴定报告之日起十五日内提出。质量鉴定组织单位应当及时处理。

第四章 监督管理

第三十四条 质量技术监督部门应当加强对仲裁检验和质量鉴定工作的管理和监督。对仲裁检验和质量鉴定中的违法或者不当行为有权予以纠正。

第三十五条 质检机构在其有权检验的产品范围内,应当积极承担仲裁检验和质量鉴定组织工作。没有正当理由不得拒绝。

第三十六条 质检机构、质量鉴定组织单位由于故意或者重大过失造成仲裁检验报告、质量鉴定报告与事实不符,并对当事人的合法权益造成损害的,应当承担相应的民事责任。有关人员在仲裁检验和质量鉴定工作中玩忽职守,以权谋私,收受贿赂的,由其所在单位或者上级主管部门给予处分。构成犯罪的,依法追究刑事责任。

第五章 附 则

第三十七条 仲裁检验和质量鉴定应当按照法律、法规和国家有关规定交纳费用。

第三十八条 仲裁检验和质量鉴定工作终结后,应当将有关材料归档。

第三十九条 本办法由国家质量技术监督局负责解释。

第四十条 本办法自发布之日起施行。《全国产品质量仲裁检验暂行办法》同时废止。

中华人民共和国建设部令

第 141 号

《建设工程质量检测管理办法》已于 2005 年 8 月 23 日经第 71 次常务会议讨论通过,现予发布,自 2005 年 11 月 1 日施行。

建设部部长　汪光焘
二〇〇五年九月二十八日

十一、建设工程质量检测管理办法

第一条　为了加强对建设工程质量检测的管理,根据《中华人民共和国建筑法》、《建设工程质量管理条例》,制定本办法。

第二条　申请从事对涉及建筑物、构筑物结构安全的试块、试件以及有关材料检测的工程质量检测机构资质,实施对建设工程质量检测活动的监督管理,应当遵守本办法。

本办法所称建设工程质量检测(以下简称质量检测),是指工程质量检测机构(以下简称检测机构)接受委托,依据国家有关法律、法规和工程建设强制性标准,对涉及结构安全项目的抽样检测和对进入施工现场的建筑材料、构配件的见证取样检测。

第三条　国务院建设主管部门负责对全国质量检测活动实施监督管理,并负责制定检测机构资质标准。

省、自治区、直辖市人民政府建设主管部门负责对本行政区域内的质量检测活动实施监督管理,并负责检测机构的资质审批。

市、县人民政府建设主管部门负责对本行政区域内的质量检测活动实施监督管理。

第四条　检测机构是具有独立法人资格的中介机构。检测机构从事本办法附件一规定的质量检测业务,应当依据本办法取得相应的资质证书。

检测机构资质按照其承担的检测业务内容分为专项检测机构资质和见证取样检测机构资质。检测机构资质标准由附件二规定。

检测机构未取得相应的资质证书,不得承担本办法规定的质量检测业务。

第五条　申请检测资质的机构应当向省、自治区、直辖市人民政府建设主管部门提交下列申请材料:

(一)《检测机构资质申请表》一式三份;

(二)工商营业执照原件及复印件;

(三)与所申请检测资质范围相对应的计量认证证书原件及复印件;

(四)主要检测仪器、设备清单;

(五)技术人员的职称证书、身份证和社会保险合同的原件及复印件;

(六)检测机构管理制度及质量控制措施。

《检测机构资质申请表》由国务院建设主管部门制定式样。

第六条 省、自治区、直辖市人民政府建设主管部门在收到申请人的申请材料后,应当即时作出是否受理的决定,并向申请人出具书面凭证;申请材料不齐全或者不符合法定形式的,应当在5日内一次性告知申请人需要补正的全部内容。逾期不告知的,自收到申请材料之日起即为受理。

省、自治区、直辖市建设主管部门受理资质申请后,应当对申报材料进行审查,自受理之日起20个工作日内审批完毕并作出书面决定。对符合资质标准的,自作出决定之日起10个工作日内颁发《检测机构资质证书》,并报国务院建设主管部门备案。

第七条 《检测机构资质证书》应当注明检测业务范围,分为正本和副本,由国务院建设主管部门制定式样,正、副本具有同等法律效力。

第八条 检测机构资质证书有效期为3年。资质证书有效期满需要延期的,检测机构应当在资质证书有效期满30个工作日前申请办理延期手续。

检测机构在资质证书有效期内没有下列行为的,资质证书有效期届满时,经原审批机关同意,不再审查,资质证书有效期延期3年,由原审批机关在其资质证书副本上加盖延期专用章;检测机构在资质证书有效期内有下列行为之一的,原审批机关不予延期:

(一)超出资质范围从事检测活动的;

(二)转包检测业务的;

(三)涂改、倒卖、出租、出借或者以其他形式非法转让资质证书的;

(四)未按照国家有关工程建设强制性标准进行检测,造成质量安全事故或致使事故损失扩大的;

(五)伪造检测数据,出具虚假检测报告或者鉴定结论的。

第九条 检测机构取得检测机构资质后,不再符合相应资质标准的,省、自治区、直辖市人民政府建设主管部门根据利害关系人的请求或者依据职权,可以责令其限期改正;逾期不改的,可以撤回相应的资质证书。

第十条 任何单位和个人不得涂改、倒卖、出租、出借或者以其他形式非法转让资质证书。

第十一条 检测机构变更名称、地址、法定代表人、技术负责人,应当在3个月内到原审批机关办理变更手续。

第十二条 本办法规定的质量检测业务,由工程项目建设单位委托具有相应资质的检测机构进行检测。委托方与被委托方应当签订书面合同。

检测结果利害关系人对检测结果发生争议的,由双方共同认可的检测机构复检,复检结果由提出复检方报当地建设主管部门备案。

第十三条 质量检测试样的取样应当严格执行有关工程建设标准和国家有关规定,在建设单位或者工程监理单位监督下现场取样。提供质量检测试样的单位和个人,应当对试样的真实性负责。

第十四条 检测机构完成检测业务后,应当及时出具检测报告。检测报告经检测人员签字、检测机构法定代表人或者其授权的签字人签署,并加盖检测机构公章或者检测专用章后方可生效。检测报告经建设单位或者工程监理单位确认后,由施工单位归档。

见证取样检测的检测报告中应当注明见证人单位及姓名。

第十五条 任何单位和个人不得明示或者暗示检测机构出具虚假检测报告,不得篡改或者伪造检测报告。

第十六条 检测人员不得同时受聘于两个或者两个以上的检测机构。

检测机构和检测人员不得推荐或者监制建筑材料、构配件和设备。

检测机构不得与行政机关,法律、法规授权的具有管理公共事务职能的组织以及所检测工程项目相关的设计单位、施工单位、监理单位有隶属关系或者其他利害关系。

第十七条 检测机构不得转包检测业务。

检测机构跨省、自治区、直辖市承担检测业务的,应当向工程所在地的省、自治区、直辖市人民政府建设主管部门备案。

第十八条 检测机构应当对其检测数据和检测报告的真实性和准确性负责。

检测机构违反法律、法规和工程建设强制性标准,给他人造成损失的,应当依法承担相应的赔偿责任。

第十九条 检测机构应当将检测过程中发现的建设单位、监理单位、施工单位违反有关法律、法规和工程建设强制性标准的情况,以及涉及结构安全检测结果的不合格情况,及时报告工程所在地建设主管部门。

第二十条 检测机构应当建立档案管理制度。检测合同、委托单、原始记录、检测报告应当按年度统一编号,编号应当连续,不得随意抽撤、涂改。

检测机构应当单独建立检测结果不合格项目台账。

第二十一条 县级以上地方人民政府建设主管部门应当加强对检测机构的监督检查,主要检查下列内容:

(一)是否符合本办法规定的资质标准;

(二)是否超出资质范围从事质量检测活动;

(三)是否有涂改、倒卖、出租、出借或者以其他形式非法转让资质证书的行为;

(四)是否按规定在检测报告上签字盖章,检测报告是否真实;

(五)检测机构是否按有关技术标准和规定进行检测;

(六)仪器设备及环境条件是否符合计量认证要求;

(七)法律、法规规定的其他事项。

第二十二条 建设主管部门实施监督检查时,有权采取下列措施:

(一)要求检测机构或者委托方提供相关的文件和资料;

(二)进入检测机构的工作场地(包括施工现场)进行抽查;

(三)组织进行比对试验以验证检测机构的检测能力;

(四)发现有不符合国家有关法律、法规和工程建设标准要求的检测行为时,责令改正。

第二十三条 建设主管部门在监督检查中为收集证据的需要,可以对有关试样和检测资料采取抽样取证的方法;在证据可能灭失或者以后难以取得的情况下,经部门负责人批准,可以先行登记保存有关试样和检测资料,并应当在7日内及时作出处理决定,在此期间,当事人或者有关人员不得销毁或者转移有关试样和检测资料。

第二十四条 县级以上地方人民政府建设主管部门,对监督检查中发现的问题应当按规定权限进行处理,并及时报告资质审批机关。

第二十五条 建设主管部门应当建立投诉受理和处理制度,公开投诉电话号码、通讯地址和电子邮件信箱。

检测机构违反国家有关法律、法规和工程建设标准规定进行检测的,任何单位和个人都有权向建设主管部门投诉。建设主管部门收到投诉后,应当及时核实并依据本办法对检测机构作出相应的处理决定,于30日内将处理意见答复投诉人。

第二十六条 违反本办法规定,未取得相应的资质,擅自承担本办法规定的检测业务的,其检测报告无效,由县级以上地方人民政府建设主管部门责令改正,并处1万元以上3万元以下的罚款。

第二十七条 检测机构隐瞒有关情况或者提供虚假材料申请资质的,省、自治区、直辖市人民政府建设主管部门不予受理或者不予行政许可,并给予警告,1 年之内不得再次申请资质。

第二十八条 以欺骗、贿赂等不正当手段取得资质证书的,由省、自治区、直辖市人民政府建设主管部门撤销其资质证书,3 年内不得再次申请资质证书;并由县级以上地方人民政府建设主管部门处以 1 万元以上 3 万元以下的罚款;构成犯罪的,依法追究刑事责任。

第二十九条 检测机构违反本办法规定,有下列行为之一的,由县级以上地方人民政府建设主管部门责令改正,可并处 1 万元以上 3 万元以下的罚款;构成犯罪的,依法追究刑事责任:

(一)超出资质范围从事检测活动的;
(二)涂改、倒卖、出租、出借、转让资质证书的;
(三)使用不符合条件的检测人员的;
(四)未按规定上报发现的违法违规行为和检测不合格事项的;
(五)未按规定在检测报告上签字盖章的;
(六)未按照国家有关工程建设强制性标准进行检测的;
(七)档案资料管理混乱,造成检测数据无法追溯的;
(八)转包检测业务的。

第三十条 检测机构伪造检测数据,出具虚假检测报告或者鉴定结论的,县级以上地方人民政府建设主管部门给予警告,并处 3 万元罚款;给他人造成损失的,依法承担赔偿责任;构成犯罪的,依法追究其刑事责任。

第三十一条 违反本办法规定,委托方有下列行为之一的,由县级以上地方人民政府建设主管部门责令改正,处 1 万元以上 3 万元以下的罚款:

(一)委托未取得相应资质的检测机构进行检测的;
(二)明示或暗示检测机构出具虚假检测报告,篡改或伪造检测报告的;
(三)弄虚作假送检试样的。

第三十二条 依照本办法规定,给予检测机构罚款处罚的,对检测机构的法定代表人和其他直接责任人员处罚款数额 5% 以上 10% 以下的罚款。

第三十三条 县级以上人民政府建设主管部门工作人员在质量检测管理工作中,有下列情形之一的,依法给予行政处分;构成犯罪的,依法追究刑事责任:

(一)对不符合法定条件的申请人颁发资质证书的;
(二)对符合法定条件的申请人不予颁发资质证书的;
(三)对符合法定条件的申请人未在法定期限内颁发资质证书的;
(四)利用职务上的便利,收受他人财物或者其他好处的;
(五)不依法履行监督管理职责,或者发现违法行为不予查处的。

第三十四条 检测机构和委托方应当按照有关规定收取、支付检测费用。没有收费标准的项目由双方协商收取费用。

第三十五条 水利工程、铁道工程、公路工程等工程中涉及结构安全的试块、试件及有关材料的检测按照有关规定,可以参照本办法执行。节能检测按照国家有关规定执行。

第三十六条 本规定自 2005 年 11 月 1 日起施行。

附件一：

质量检测的业务内容

一、专项检测

（一）地基基础工程检测

1. 地基及复合地基承载力静载检测；
2. 桩的承载力检测；
3. 桩身完整性检测；
4. 锚杆锁定力检测。

（二）主体结构工程现场检测

1. 混凝土、砂浆、砌体强度现场检测；
2. 钢筋保护层厚度检测；
3. 混凝土预制构件结构性能检测；
4. 后置埋件的力学性能检测。

（三）建筑幕墙工程检测

1. 建筑幕墙的气密性、水密性、风压变形性能、层间变位性能检测；
2. 硅酮结构胶相容性检测。

（四）钢结构工程检测

1. 钢结构焊接质量无损检测；
2. 钢结构防腐及防火涂装检测；
3. 钢结构节点、机械连接用紧固标准件及高强度螺栓力学性能检测；
4. 钢网架结构的变形检测。

二、见证取样检测

1. 水泥物理力学性能检验；
2. 钢筋（含焊接与机械连接）力学性能检验；
3. 砂、石常规检验；
4. 混凝土、砂浆强度检验；
5. 简易土工试验；
6. 混凝土掺加剂检验；
7. 预应力钢绞线、锚夹具检验；
8. 沥青、沥青混合料检验。

附件二：

检测机构资质标准

一、专项检测机构和见证取样检测机构应满足下列基本条件：

（一）专项检测机构的注册资本不少于100万元人民币，见证取样检测机构不少于80万元人民币；

（二）所申请检测资质对应的项目应通过计量认证；

（三）有质量检测、施工、监理或设计经历，并接受了相关检测技术培训的专业技术人员不少于10人；边远的县（区）的专业技术人员可不少于6人；

（四）有符合开展检测工作所需的仪器、设备和工作场所；其中，使用属于强制检定的计量器具，要经过计量检定合格后，方可使用；

（五）有健全的技术管理和质量保证体系。

二、专项检测机构除应满足基本条件外，还需满足下列条件：

（一）地基基础工程检测类

专业技术人员中从事工程桩检测工作3年以上并具有高级或者中级职称的不得少于4名，其中1人应当具备注册岩土工程师资格。

（二）主体结构工程检测类

专业技术人员中从事结构工程检测工作3年以上并具有高级或者中级职称的不得少于4名，其中1人应当具备二级注册结构工程师资格。

（三）建筑幕墙工程检测类

专业技术人员中从事建筑幕墙检测工作3年以上并具有高级或者中级职称的不得少于4名。

（四）钢结构工程检测类

专业技术人员中从事钢结构机械连接检测、钢网架结构变形检测工作3年以上并具有高级或者中级职称的不得少于4名，其中1人应当具备二级注册结构工程师资格。

三、见证取样检测机构除应满足基本条件外，专业技术人员中从事检测工作3年以上并具有高级或者中级职称的不得少于3名；边远的县（区）可不少于2人。

《建设工程质量责任主体和有关机构不良记录管理办法》(试行)的通知

建质[2003]113号

各省、自治区建设厅,直辖市建委,新疆生产建设兵团建设局:

现将《建设工程质量责任主体和有关机构不良记录管理办法》(试行)印发给你们,请结合实际认真贯彻执行。执行中有何问题,及时告我部工程质量安全监督与行业发展司。

中华人民共和国建设部
二〇〇三年六月四日

十二、建设工程质量责任主体和有关机构不良记录管理办法(试行)

第一条 为规范建设工程质量责任主体和有关机构从事工程建设活动的行为,强化建设行政主管部门对其履行质量责任的监督管理,根据有关法律法规制定本办法。

第二条 本办法所称的建设工程质量责任主体和有关机构不良记录,是指对从事新建、扩建、改建房屋建筑工程和市政基础设施工程建设活动的建设单位、勘察单位、设计单位、施工单位和施工图审查机构、工程质量检测机构、监理单位违反法律、法规、规章所规定的质量责任和义务的行为,以及勘察、设计文件和工程实体质量不符合工程建设强制性技术标准的情况的记录。

已由建设行政主管部门给予行政处罚,按建设部《关于加快建立建筑市场有关企业和专业技术人员信用档案的通知》(建市[2002]155号)列入信用档案的,不属于本办法记录和公布之列。

第三条 勘察、设计、施工、施工图审查、工程质量检测、监理等单位的不良记录应作为建设行政主管部门对其进行年检和资质评审的重要依据。

第四条 建设单位以下情况应予以记录:

1. 施工图设计文件应审查而未经审查批准,擅自施工的;设计文件在施工过程中有重大设计变更,未将变更后的施工图报原施工图审查机构进行审查并获批准,擅自施工的。

2. 采购的建筑材料、建筑构配件和设备不符合设计文件合同要求的;明示或者暗示施工单位使用不合格的建筑材料、建筑构配件和设备的。

3. 明示或者暗示勘察、设计单位违反工程建设强制性标准,降低工程质量的。

4. 涉及建筑主体和承重结构变动的装修工程,没有经原设计单位或具有相应资质等级的设计单位提出设计方案,擅自施工。

5. 其他影响建设工程质量的违法违规行为。

第五条 勘察、设计单位以下情况应予以记录:

1. 未按照政府有关部门的批准文件要求进行勘察、设计的。

2. 设计单位未根据勘察文件进行设计的。

3. 未按照工程建设强制性标准进行勘察、设计的。

4. 勘察、设计中采用可能影响工程质量和安全,且没有国家技术标准的新技术、新工艺、新材料,未按规定审定的。

5. 勘察、设计文件没有责任人签字或者签字不全的。

6. 勘察原始记录不按照规定进行记录或者记录不完整的。

7. 勘察、设计文件在施工图审查批准前,经审查发现质量问题,进行一次以上修改的。

8. 勘察、设计文件经施工图审查未获批准的。

9. 勘察单位不参加施工验槽的。

10. 在竣工验收时未出据工程质量评估意见的。

11. 设计单位对经施工图审查批准的设计文件,在施工前拒绝向施工单位进行设计交底的;拒绝参与建设工程质量事故分析的。

12. 其他可能影响工程勘察、设计质量的违法违规行为。

第六条 施工单位以下情况应予以记录:

1. 未按照经施工图审查批准的施工图或施工技术标准施工的。

2. 未按规定对建筑材料、建筑构配件、设备和商品混凝土进行检验,或检验不合格,擅自使用的。

3. 未按规定对隐蔽工程的质量进行检查和记录的。

4. 未按规定对涉及结构安全的试块、试件以及有关材料进行现场取样,未按规定送交工程质量检测机构进行检测的。

5. 未经监理工程师签字,进入下一道工序施工的。

6. 施工人员未按规定接受教育培训、考核,或者培训、考核不合格,擅自上岗作业的。

7. 施工期间,因为质量原因被责令停工的。

8. 其他可能影响施工质量的违法违规行为。

第七条 施工图审查机构以下情况应予以记录:

1. 未经建设行政主管部门核准备案的,擅自从事施工图审查业务活动的。

2. 超越核准的等级和范围从事施工图审查业务活动的。

3. 未按国家规定的审查内容进行审查,存在错审、漏审的。

4. 其他可能影响审查质量的违法违规行为。

第八条 工程质量检测机构以下情况应予以记录:

1. 未经批准擅自从事工程质量检测业务活动的。

2. 超越核准的检测业务范围从事工程质量检测业务活动的。

3. 出具虚假报告,以及检测报告数据和检测结论与实测数据严重不符合的。

4. 其他可能影响检测质量的违法违规行为。

第九条 监理单位以下情况应予以记录:

1. 未按规定选派具有相应资格的总监理工程师和监理工程师进驻施工现场的。

2. 监理工程师和总监理工程师未按规定进行签字的。

3. 监理工程师未按规定采取旁站、巡视和平行检验等形式进行监理的。

4. 未按法律、法规以及有关技术标准和建设工程承包合同对施工质量实施监理的。

5. 未按经施工图审查批准的设计文件以及经施工图审查批准的设计变更文件对施工质量实施监理的。

6. 在竣工验收时未出据工程质量评估报告的。

7. 其他可能影响监理质量的违法违规行为。

第十条 施工图审查机构、工程质量检测机构、监理单位应记录工作中发现的建设、勘察、设计、施工单位的不良记录,依照所涉及工程项目的管理权限,向相应的建设行政主管部门或其委托的工程质量监督机构报送。

建设行政主管部门或其委托的工程质量监督机构应对报送情况进行核实。

第十一条 县级以上地方人民政府建设行政主管部门或其委托的工程质量监督机构应对在质量检查、质量监督、事故处理和质量投拆处理过程中发现的本行政区域内建设、勘察、设计、施工、施工图审查、工程质量检测、监理等单位的不良记录负责记录并核实。

第十二条 县级以上地方人民政府建设行政主管部门或其委托的工程质量监督机构应对已核实的不良记录进行汇总,并向上级建设行政主管部门或其委托的工程质量监督机构备案。

第十三条 建设工程质量责任主体和有关机构的单位工商注册所在地不在本省行政区域的,省、自治区、直辖市建设行政主管部门应在报送国务院建设行政主管部门备案的同时,将该单位的不良记录通知其工商注册所在地省、自治区、直辖市建设行政主管部门。

第十四条 省、自治区、直辖市建设行政主管部门应在建筑市场监督管理信息系统中建立工程建设的质量管理信息子系统。不良记录的备案通过该系统进行,其数据传输应尽可能做到通过 internet 传送,以保证记录的实时准确。

建设行政主管部门或其委托的工程质量监督机构应将经核实的不良记录及时录入相应的信息系统。

第十五条 各有关记录机构和人员对不良记录的真实性和全面性负责。

市(地)以上地方人民政府建设行政主管部门或其委托的质量监督机构对本行政区域内不良记录的准确性负责。

第十六条 省、自治区、直辖市建设行政主管部门,应定期在媒体上公布本行政区域内的不良记录。

市(地)建设行政主管部门也可定期在媒体上公布本行政区域内的不良记录。

第十七条 建设行政主管部门或其委托的工程质量监督机构,应将不良记录备案中所涉及的在建房屋建筑和市政基础设施工程的质量状况予以公布。

第十八条 不良记录通过有关工程建设信息网公布的,公布的保留时间不少于6个月,需要撤销公布记录的须经原公布机关批准。

第十九条 各地建设行政主管部门要高度重视不良记录管理工作,明确分管领导和承办机构、人员及职责。对在工作中玩忽职守的,应进行查处并给与相应的行政处分。

第二十条 省、自治区、直辖市建设行政主管部门可根据本办法制定实施细则。

第二十一条 本办法自2003年7月1日起施行。

建设部关于印发《建筑市场诚信行为信息管理办法》的通知

建市[2007]9号

各省、自治区建设厅,直辖市建委,计划单列市建委(建设局),新疆生产建设兵团建设局,总后基建营房部工程局,国资委管理的有关企业,有关行业协会:

为进一步规范建筑市场秩序,健全建筑市场诚信体系,加强对建筑市场各方主体的动态监管,营造诚实守信的市场环境,我们组织制定了《建筑市场诚信行为信息管理办法》,现印发给你们,请遵照执行。

省、自治区、直辖市建设行政主管部门要对建筑市场信用体系建设工作高度重视,加强组织领导和宣传贯彻,并结合本地实际,抓紧制订落实《建筑市场诚信行为信息管理办法》的实施细则。省会城市、计划单列市以及基础条件较好的地级城市要在2007年6月30日前,按照《建筑市场诚信行为信息管理办法》的要求,建立本地区的建筑市场综合监管信息系统和诚信信息平台。其他地区在2007年年底前也要全部启动这项工作,推动建筑市场信用体系建设的全面实施。

附件:建筑市场诚信行为信息管理办法

中华人民共和国建设部
二〇〇七年一月十二日

十三、建筑市场诚信行为信息管理办法

第一条 为进一步规范建筑市场秩序,健全建筑市场诚信体系,加强对建筑市场各方主体的监管,营造诚实守信的市场环境,根据《建筑法》、《招标投标法》、《建设工程勘察设计管理条例》、《建设工程质量管理条例》、《建设工程安全生产管理条例》等有关法律法规,制定本办法。

第二条 本办法所称建筑市场各方主体是指建设项目的建设单位和参与工程建设活动的勘察、设计、施工、监理、招标代理、造价咨询、检测试验、施工图审查等企业或单位以及相关从业人员。

第三条 本办法所称诚信行为信息包括良好行为记录和不良行为记录。

良好行为记录指建筑市场各方主体在工程建设过程中严格遵守有关工程建设的法律、法规、规章或强制性标准,行为规范,诚信经营,自觉维护建筑市场秩序,受到各级建设行政主管部门和相关专业部门的奖励和表彰,所形成的良好行为记录。

不良行为记录是指建筑市场各方主体在工程建设过程中违反有关工程建设的法律、法规、规章或强制性标准和执业行为规范,经县级以上建设行政主管部门或其委托的执法监督机构查实和行政处罚,形成的不良行为记录。《全国建筑市场各方主体不良行为记录认定标准》由建设部制定和颁布。

第四条 建设部负责制定全国统一的建筑市场各方主体的诚信标准;负责指导建立建筑市场各方主体的信用档案;负责建立和完善全国联网的统一的建筑市场信用管理信息平台;负责对外发布全国建筑市场各方主体诚信行为记录信息;负责指导对建筑市场各方主体的信用评价工作。

各省、自治区和直辖市建设行政主管部门负责本地区建筑市场各方主体的信用管理工作,采集、审核、汇总和发布所属各市、县建设行政主管部门报送的各方主体的诚信行为记录,并将符合《全国建筑市场各方主体不良行为记录认定标准》的不良行为记录及时报送建设部。报送内容应包括:各方主体的基本信息、在建筑市场经营和生产活动中的不良行为表现、相关处罚决定等。

各市、县建设行政主管部门按照统一的诚信标准和管理办法,负责对本地区参与工程建设的各方主体的诚信行为进行检查、记录,同时将不良行为记录信息及时报送上级建设行政主管部门。

中央管理企业和工商注册不在本地区的企业的诚信行为记录,由其项目所在地建设行政主管部门负责采集、审核、记录、汇总和公布,逐级上报,同时向企业工商注册所在地的建设行政主管部门通报,建立和完善其信用档案。

第五条 各级建设行政主管部门要明确分管领导和承办机构人员,落实责任制,加强对各方主体不良行为的监督检查以及不良行为记录真实性的核查,负责收集、整理、归档、保全不良行为事实的证据和资料,不良行为记录报表要真实、完整、及时报送。

第六条 行业协会要协助政府部门做好诚信行为记录、信息发布和信用评价等工作,推进建筑市场动态监管;要完善行业内部监督和协调机制,建立以会员单位为基础的自律维权信息平台,加强行业自律,提高企业及其从业人员的诚信意识。

第七条 各省、自治区、直辖市建设行政主管部门应按照《全国建筑市场各方主体不良行为记录认定标准》,自行或通过市、县建设行政主管部门及其委托的执法监督机构,结合建筑市场检查、工程质量安全监督以及政府部门组织的各类执法检查、督查和举报、投诉等工作,采集不良行为记录,并建立与工商、税务、纪检、监察、司法、银行等部门的信息共享机制。

第八条 各省、自治区、直辖市建设行政主管部门应根据行政处罚情况,及时公布各方主体的不良行为信息,形成政府监管、行业自律、社会监督的有效约束机制。

第九条 各地建设行政主管部门要通过资源整合和组织协调,完善建筑市场和工程现场联动的业务监管体系,在健全建筑市场综合监管信息系统的基础上,建立向社会开放的建筑市场诚信信息平台,做好诚信信息的发布工作。诚信信息平台的建设可依托各地有形建筑市场(建设工程交易中心)的资源条件,避免重复建设和资源浪费。

第十条 诚信行为记录实行公布制度。

诚信行为记录由各省、自治区、直辖市建设行政主管部门在当地建筑市场诚信信息平台上统一公布。其中,不良行为记录信息的公布时间为行政处罚决定作出后7日内,公布期限一般为6个月至3年;良好行为记录信息公布期限一般为3年,法律、法规另有规定的从其规定。公布内容应与建筑市场监管信息系统中的企业、人员和项目管理数据库相结合,形成信用档案,内部长期保留。

属于《全国建筑市场各方主体不良行为记录认定标准》范围的不良行为记录除在当地发布外,还将由建设部统一在全国公布,公布期限与地方确定的公布期限相同,法律、法规另有规定的从其规定。各省、自治区、直辖市建设行政主管部门将确认的不良行为记录在当地发布之日起7日内报建设部。

通过与工商、税务、纪检、监察、司法、银行等部门建立的信息共享机制,获取的有关建筑市场各方主体不良行为记录的信息,省、自治区、直辖市建设行政主管部门也应参照本规定在本地区统一公布。

各地建筑市场综合监管信息系统,要逐步与全国建筑市场诚信信息平台实现网络互联、信息共享和实时发布。

第十一条 对发布有误的信息,由发布该信息的省、自治区和直辖市建设行政主管部门进行修正,根据被曝光单位对不良行为的整改情况,调整其信息公布期限,保证信息的准确和有效。

省、自治区和直辖市建设行政主管部门负责审查整改结果,对整改确有实效的,由企业提出申请,经批准,可缩短其不良行为记录信息公布期限,但公布期限最短不得少于3个月,同时将整改结果列于相应不良行为记录后,供有关部门和社会公众查询;对于拒不整改或整改不力的单位,信息发布部门可延长其不良行为记录信息公布期限。

行政处罚决定经行政复议、行政诉讼以及行政执法监督被变更或被撤消,应及时变更或删除该不良记录,并在相应诚信信息平台上予以公布,同时应依法妥善处理相关事宜。

第十二条 各省、自治区、直辖市建设行政主管部门应加强信息共享,推进各地诚信信息平台的互联互通,逐步开放诚信行为信息,维护建筑市场的统一、开放、竞争、有序。

第十三条 各级建设行政主管部门,应当依据国家有关法律、法规和规章,按照诚信激励和失信惩戒的原则,逐步建立诚信奖惩机制,在行政许可、市场准入、招标投标、资质管理、工程担保与保险、表彰评优等工作中,充分利用已公布的建筑市场各方主体的诚信行为信息,依法对守信行为给予激励,对失信行为进行惩处。在健全诚信奖惩机制的过程中,要防止利用诚信奖惩机制设置新的市场壁垒和地方保护。

第十四条 各级建设行政主管部门应按照管理权限和属地管理原则建立建筑市场各方主体的信用档案,将信用记录信息与建筑市场监管综合信息系统数据库相结合,实现数据共享和管理联动。

第十五条 各省、自治区、直辖市和计划单列市建设行政主管部门可结合本地区实际情况,依据地方性法规对本办法和认定标准加以补充,制订具体实施细则。

第十六条 各级建设行政主管部门要按照《最高人民检察院、建设部、交通部、水利部关于在工程建设领域开展行贿犯罪档案试点工作的通知》(高检会[2004]2号)要求,准确把握建立工程建设领域行贿犯罪档案查询系统的内容和要求,认真履行职责,加强领导,密切配合,做好工程建设领域行贿犯罪档案查询试点工作,将其纳入建筑市场信用体系建设工作中,逐步建立健全信用档案管理制度和失信惩戒制度。

第十七条 对参与工程建设的其他单位(如建筑材料、设备和构配件生产供应单位等)和实行个人注册执业制度的各类从业人员的诚信行为信息,可参照本办法进行管理。

第十八条 本办法由建设部负责解释。

第十九条 本办法自发布之日起施行。

十四、江苏省建设工程质量检测管理实施细则

第一条 为了加强对本省建设工程质量检测管理,根据《中华人民共和国建筑法》、《建设工程质量管理条例》、《建设工程质量检测管理办法》及建设部建质(2006)25号《关于实施〈建设工程质量检测管理办法〉有关问题的通知》,结合本省实际,制定本细则。

第二条 凡在本省行政区域内从事建设工程质量检测活动,以及实施对建设工程质量检测活动的监督管理应当遵守本细则。

本细则称建设工程质量检测(以下简称质量检测),是指工程质量检测机构(以下简称检测机构)接受委托,依据国家有关法律、法规和工程建设强制性标准,对涉及工程结构安全及功能项目的抽样检测和对进入施工现场的建筑材料、构配件的见证取样检测。

第三条 省建设厅负责对本省行政区域内质量检测活动实施监督管理,并负责检测机构的资质审批。

设区的市、县(市)建设行政主管部门对本行政区域内质量检测活动实施监督管理。

第四条 检测机构是具有独立法人资格的中介机构。检测机构从事本细则附件一规定的质量检测业务,应当依据本细则取得省建设厅核发的资质证书;从事本细则附件一规定之外的质量检测业务应当向省建设厅备案。

检测机构资质按照其承担的检测业务内容分为专项检测机构资质和见证取样检测机构资质。检测机构资质标准由附件二规定。

第五条 申请检测资质的机构应当向省建设厅提交下列申请材料:

(一)统一式样的《建设工程质量检测机构资质申请表》一式三份;

(二)工商营业执照原件及复印件;

(三)与所申请检测资质范围相对应的计量认证证书原件及复印件;

(四)检测机构的固定办公、试验场所的图纸,试验仪器位置图,产权归属等相关的证明材料,相对应的试验仪器、设备清单及其计量检定情况汇总表;

(五)检测机构技术负责人、质量负责人、授权签字人的任职文件、身份证、学历(学位)、职称证书原件、复印件及个人工作简历及其相关的证明材料;检测机构试验人员名册及相应劳动合同、社会保险、身份证、学历证书、职称证书、上岗培训证明、个人工作简历、技术工作经历及其相关的证明材料;

(六)检测机构的质量管理体系文件及内部管理的各项规章制度等资料以及能力验证比对试验资料。

第六条 省建设厅收到申请人提交的由设区的市建设行政主管部门签署意见的《建设工程质量检测机构资质申请表》等所有申请材料后,应当依法作出是否受理的决定,并向申请人出具书面凭证;申请材料不齐全或者不符合法定形式的,应当在5日内一次性告知申请人需要补正的全部内容。逾期不告知的,自收到申请材料之日起即为受理。

省建设厅受理资质申请后,对申请材料进行审查,必要时组织专家进行现场符合性审查,自受理之日起20个工作日内审批完毕并作出书面决定。对符合资质标准的,自作出决定之日起10个工作日内颁发相应的《建设工程质量检测机构资质证书》,并报建设部备案。

检测机构改制、分立、合并后必须严格按照《中华人民共和国公司法》完成相关手续,按照本细

则规定的申请和审批程序重新进行核定。

第七条 《建设工程质量检测机构资质证书》应当注明检测业务范围,分为正本和副本,正、副本具有同等法律效力。

第八条 检测机构资质证书有效期为3年。资质证书有效期满需要延期的,检测机构应当在资质证书有效期满30个工作日前按本细则资质申请审批程序,申请办理延期手续。

检测机构在资质证书有效期内没有下列行为的,资质证书有效期届满时,经省建设厅同意,不再审查,资质证书有效期延期3年,由省建设厅在其资质证书副本上加盖延期专用章;检测机构在资质证书有效期内有下列行为之一的,省建设厅不予延期。

(一)超出资质范围从事检测活动的;
(二)转包检测业务的;
(三)涂改、倒卖、出租、出借或者以其他形式非法转让资质证书的;
(四)未按照国家有关工程建设强制性标准进行检测,造成质量安全事故或致使事故损失扩大的;
(五)伪造检测数据,出具虚假检测报告或者鉴定结论的。

第九条 检测机构取得检测机构资质后,不再符合相应资质标准的,省建设厅根据利害关系人的请求或者依据职权,责令其限期改正;逾期不改的,撤回相应的资质证书。

第十条 任何单位和个人不得涂改、倒卖、出租、出借或者以其他形式非法转让资质证书。

第十一条 检测机构变更名称、地址、法定代表人、技术负责人、质量负责人以及补办资质证书的,应当在3个月内按资质申请审批程序到省建设厅办理有关手续。

检测机构因破产、解散的,应当在1个月内将资质证书交回省建设厅予以注销。

第十二条 本细则规定的质量检测业务,由工程项目建设单位委托具有相应资质的检测机构进行检测。建设单位不得将应当由一个检测机构完成的检测业务(不含专项检测)肢解成若干部分委托给几个检测机构。委托方与被委托方应当签订书面合同。其内容包括委托检测的内容、执行标准、义务、责任以及争议仲裁等内容。

行政机关和法律法规授权的具有管理公共事务职能的单位及个人不得明示或暗示建设单位将检测业务委托给指定检测机构。

检测结果利害关系人对检测结果发生争议,由双方共同认可的检测机构进行复检,复检结果由提出复检方报当地建设主管部门备案。

第十三条 工程质量检测应当严格执行国家和省有关规定、标准等,在建设单位或者工程监理单位监督下现场取样。提供质量检测试样的单位和个人,应当对试样的真实性负责。

见证人由建设单位或工程监理单位具备建筑施工试验知识并经省辖市建设行政主管部门培训的专业技术人员担任。建设单位或者工程监理单位应在工程开工前,指定见证人,并将见证人单位、姓名等基本情况书面告知所委托的检测机构。

第十四条 检测原始记录应当全面、真实、准确,并经主检人、审核人签字。

检测机构完成检测后,应当依据检测数据及时出具检测报告。检测报告经检测人员签字、审核人员签字、检测机构法定代表人或者其授权的签字人签署,并加盖资质专用章和检测机构公章或者检测专用章后方可生效。

见证取样检测的检测报告中应当注明见证人单位及姓名,加盖见证取样章。

第十五条 任何单位和个人不得明示或者暗示检测机构出具虚假检测报告,不得篡改或者伪造检测报告。

第十六条 检测人员应当严守职业道德和工作程序,保证试验检测数据科学、客观、公正,并对试验检测结果承担法律责任。

检测人员应当取得省建设厅核发的《江苏省建设工程质量检测人员岗位合格证》方可从事相应的检测工作。

检测人员不得同时受聘于两个或者两个以上检测机构。检测人员单位变动的,应当办理变更手续。

检测机构和人员不得推荐或者监制建筑材料、构配件和设备等。

检测机构不得与行政机关、法律、法规授权的具有管理公共事务职能的组织以及所检测工程项目相关的设计单位、施工单位、监理单位有隶属关系或者其他利害关系。

第十七条 检测机构不得转包检测业务。

省外检测机构在本省行政区域内从事工程质量检测业务的,应当向省建设厅备案。设区的市、县(市)建设行政主管部门应当对其在当地的检测活动加强监督检查。

第十八条 检测机构应当对其检测数据和检测报告的真实性和准确性负责。

检测机构违反法律、法规和工程建设强制性标准,给他人造成损失的,应当依法承担相应的赔偿责任。

第十九条 检测机构应当将检测过程中发现的建设单位、监理单位、施工单位违反有关法律、法规和工程建设强制性标准的情况,及时报告工程所在地建设行政主管部门。

检测机构应当单独建立检测结果不合格项目台帐,并定期上报工程所在地质量监督机构。其中涉及结构安全检测结果为不合格时,应当在一个工作日内报至该工程项目的质量监督机构。

第二十条 检测机构应当建立档案管理制度。检测合同、委托单、原始记录、检测报告应当按年度统一编号,编号应当连续,不得抽撤、涂改。

第二十一条 各级建设行政主管部门应当加强对检测机构的监督检查,主要检查下列内容:

(一)是否符合本细则规定的资质标准;

(二)是否超出资质范围从事质量检测活动;

(三)是否有涂改、倒卖、出租、出借或者以其他形式非法转让资质证书的行为;

(四)是否按规定在检测报告上签字盖章,检测报告是否真实;

(五)检测机构是否按有关技术标准和规定进行检测;

(六)仪器设备及环境条件是否符合计量认证要求;

(七)法律、法规规定的其他事项。

第二十二条 各级建设行政主管部门实施监督检查时,有权采取下列措施:

(一)要求检测机构或者委托方提供相关的文件和资料;

(二)进入检测机构的工作场地(包括施工现场)进行抽查;

(三)组织进行比对试验以验证检测机构的检测能力;

(四)发现有不符合国家有关法律、法规和工程建设标准要求的检测行为时,责令改正。

省建设厅对检测机构不定期组织监督检查和比对试验,对发现的违规行为进行处理,对检测能力验证不合格的检测机构进行二次验证,仍不合格的,暂停该比对项目的检测工作。

第二十三条 各级建设行政主管部门在监督检查中为收集证据的需要,可以对有关试样和检测资料采取抽样取证的方法;在证据可能灭失或者以后难以取得的情况下,经部门负责人批准,可以先行登记保存有关试样和检测资料,并应当在7日内及时作出处理决定,在此期间,当事人或者有关人员不得销毁或者转移有关试样和检测资料。

第二十四条 各级建设行政主管部门对监督检查中发现的问题应当按规定权限进行处理,并及时报告省建设厅。

第二十五条 各级建设行政主管部门应当建立投诉受理和处理制度,公开投诉电话号码、通讯地址和电子邮件信箱。

检测机构违反国家有关法律、法规和工程建设标准规定进行检测的,任何单位和个人都有权向建设行政主管部门投诉或举报。各级建设行政主管部门收到投诉或举报后,应当及时核实并依据本办法对检测机构作出相应的处理决定,于30日内将处理意见答复投诉人。

各级建设行政主管部门应建立检测机构和检测人员信用档案,记录检测机构及人员违法违规行为以及其他行为。信用档案是审批检测机构申请资质和资质延期及检测备案管理的重要依据。检测机构及人员的信用档案应公开。

第二十六条 违反本细则规定,未取得相应的资质,擅自承担本细则规定的检测业务的,其检测报告无效,由县级以上建设行政主管部门责令改正,并处1万元以上3万元以下的罚款。

第二十七条 检测机构隐瞒有关情况或者提供虚假材料申请资质的,省建设厅不予受理或者不予行政许可,并给予警告,1年之内不得再次申请资质。

第二十八条 以欺骗、贿赂等不正当手段取得资质证书的,由省建设厅撤销其资质证书,3年内不得再次申请资质证书;并由县级以上建设行政主管部门处以1万元以上3万元以下的罚款;构成犯罪的,依法追究刑事责任。检测机构申请增加资质的,在资质证书有效期内有第八条所列行为的,省建设厅不予审批,且1年内不得再次申请。

第二十九条 检测机构违反本细则规定,有下列行为之一的,由县级以上建设行政主管部门责令改正,可并处1万元以上3万元以下的罚款;构成犯罪的,依法追究刑事责任:

(一)超出资质范围从事检测活动的;

(二)涂改、倒卖、出租、出借、转让资质证书的;

(三)使用不符合条件的检测人员的;

(四)未按规定上报发现的违法违规行为和检测不合格事项的;

(五)未按规定在检测报告上签字盖章的;

(六)未按照国家有关工程建设强制性标准进行检测的;

(七)档案资料管理混乱,造成检测数据无法追溯的;

(八)转包检测业务的。

第三十条 检测机构伪造检测数据,出具虚假检测报告或者鉴定结论的,县级以上建设行政主管部门给予警告,并处3万元罚款;给他人造成损失的,依法承担赔偿责任;构成犯罪的,依法追究其刑事责任。

第三十一条 违反本细则规定,委托方有下列行为之一的,由县级以上建设行政主管部门责令改正,处1万元以上3万元以下的罚款:

(一)委托未取得相应资质的检测机构进行检测的;

(二)明示或暗示检测机构出具虚假检测报告,篡改或伪造检测报告的;

(三)弄虚作假送检试样的。

第三十二条 依照本细则规定,给予检测机构罚款处罚的,对检测机构的法定代表人和其他直接责任人员处罚款数额5%以上10%以下的罚款。

第三十三条 县级以上建设行政主管部门工作人员在质量检测管理工作中,有下列情形之一的,依法给予行政处分;构成犯罪的,依法追究刑事责任:

(一)对不符合法定条件的申请人颁发资质证书的;

(二)对符合法定条件的申请人不予颁发资质证书的;

(三)对符合法定条件的申请人未在法定期限内颁发资质证书的;

(四)利用职务上的便利,收受他人财物或者其他好处的;

(五)不依法履行监督管理职责,或者发现违法行为不予查处的。

第三十四条 违反本细则其他有关规定的,按有关规定依法实施处罚。

第三十五条 检测机构和委托方应当严格按照有关收费标准执行,没有收费标准的项目由双方协商收取费用。

第三十六条 本细则由省建设厅负责解释。

第三十七条 本细则自 2006 年 7 月 1 日起施行。

十五、江苏省建设工程质量检测机构与人员信用管理规定

第一章 总 则

第一条 为了加强对建设工程质量检测机构和从业人员的信用管理,按照建设部《关于加快推进建筑市场信用体系建设工作的意见》和《建设工程质量责任主体和有关机构不良行为记录管理办法》等文件精神,结合本省实际,制定本规定。

第二条 在本省行政区域内从事建设工程质量检测活动的建设工程质量检测机构与人员,应当遵守本办法。

第三条 省建设行政主管部门负责全省行政区域内建设工程质量检测机构与人员信用管理工作,具体工作委托省建设工程质量监督总站(以下简称省质监总站)负责。

第四条 信用管理工作主要包括信用档案的建立,信用行为的认定、记录和公布,信用考核、评定和应用。

第五条 检测机构和人员的信用行为分为良好行为和不良行为。

良好行为包括检测机构与人员受到县级以上建设行政主管部门和相关专业部门的奖励和表彰及其他良好评价、认定、认证等。

不良行为包括:

(一)检测机构与人员因违反有关工程建设的法律、法规、规章、规范性文件或强制性标准受到县级以上建设行政主管部门行政处罚或其他行政处理(含通报批评、记入不良行为记录等)。

(二)检测机构与人员因失信、违约、不正当竞争等情况受到有关部门或者行业协会不良评价、认定的。

第六条 建设工程质量检测机构与人员信用管理,应遵循公开、公正和统一的原则,建立检测机构与人员的信用档案,对检测机构信用等级进行评定,实行分等级监督管理,形成诚信激励和失信惩戒机制。

第二章 检测机构的信用

第七条 建设工程质量检测机构信用档案应包括以下内容:

(一)基本情况:机构名称、地址、法定代表人姓名,工商营业执照复印件、资质证书(副本)复印件,检测机构人员名单,其他认证、认可或授权证书(副本)复印件等。

(二)变更情况:变更事项、变更内容、变更时间等情况。

(三)良好行为记录。

(四)不良行为记录。

(五)信用评定情况。

第八条 检测机构有下列情形之一的行为,认定为不良行为:

(一)违反《中华人民共和国建筑法》、《建设工程质量管理条例》、《建设工程质量检测管理办

法》(建设部 141 号令)、《江苏省建设工程管理条例》、《江苏省建筑市场管理条例》、《江苏省建设工程质量检测管理实施细则》(苏建法[2006]97 号)以及江苏省工程建设标准《建设工程质量检测规程》(DGJ 32/J21—2006)等法律、法规、规章、规程和规范性文件的有关规定的;

(二)检测机构背离诚信,违约或者不正当竞争等扰乱检测市场秩序的。

第九条 检测机构信用档案应通过以下途径建立:

(一)基本情况记录:检测机构根据建设工程质量检测机构的基本情况、变更情况等,填写《建设工程质量检测机构基本情况表》(附表一)和《建设工程质量检测人员基本信息表》(附表二),并在取得检测机构资质或许可变更后的 15 个工作日内,以书面和电子文稿两种方式发送至省建设工程质量监督总站。如有变更应及时申报更新。

(二)市、县(区)级建设行政主管部门负责收集本地区所认定的建设工程质量检测机构良好行为和不良行为信息,并附上良好行为和不良行为相关证明文件,报省建设工程质量监督总站。

(三)省级建设行政主管部门开展的各类检查评比以及收到的投诉举报所反映的建设工程质量检测机构的信用信息,由省建设工程质量监督总站负责收集。

第三章 检测人员的信用

第十条 检测人员信用档案包含检测人员基本信息、检测人员良好行为记录、检测人员不良行为记录。

第十一条 检测人员基本信息包含:姓名、性别、出生年月、学历、职称、检测人员岗位合格证书编号及可从事检测项目、当前工作岗位、工作简历等。

第十二条 检测人员在日常检测工作、技术创新、教育培训等方面表现良好,受到各类个人表彰、荣誉称号、奖励的行为,应当认定为良好行为。

第十三条 检测人员的以下行为为不良行为:

(一)同时受聘于两个或两个以上检测机构的;

(二)推荐或者监制建筑材料、构配件和设备的;

(三)涂改、倒卖、出租、出借或者以其他形式非法转让资质证书和上岗证书的;

(四)出具虚假检测报告的;

(五)伪造或修改检测报告的;

(六)未按相关标准、规范、作业指导书规定的方法开展检测工作,造成检测数据失真的;

(七)因玩忽职守,在检测工作中出现失误,造成重大质量安全事故或致使事故损失扩大的;

(八)超出本人岗位合格证书中规定项目范围进行检测活动的;

(九)在各级建设行政主管部门组织的监督检查中,被发现不能胜任相关项目检测工作的;

(十)未及时参加上岗继续教育培训和检测能力考核的;

(十一)其他不良行为。

第十四条 检测人员信用档案建立与检测机构同步进行。途径与方式与检测机构信用档案建立一致。

第四章 信用管理

第十五条 省质监总站建立全省建设工程质量检测机构与人员信用档案及信用管理信息平台,加强对检测机构与人员信用行为的监督管理。

第十六条 市、县建设行政主管部门负责对辖区内检测机构与人员的信用行为进行检查、记录,并将记录信息及时报送省质监总站。

第十七条 省质监总站每年对检测机构信用和能力进行综合评定和考核。根据检测机构和人员信用档案记录,以及检测能力、业绩情况、职业道德准则遵守情况等,将全省检测机构分为A、B、C三个等级,具体评定等级要求由省质监总站另行通知。

省质监总站每年公布"江苏省建设工程质量检测机构等级评级名单",并将各检测机构的等级录入信用档案。

第十八条 建立《承担政府投资和重大、重要项目工程质量检测机构推荐目录》。在A级检测机构中选择一批能力强、信誉好的纳入目录,推荐承担政府投资和重大、重要项目工程的检测工作。每半年对目录进行调整,实行动态管理。

对未列入目录的检测机构承接政府投资和重大、重要项目工程的,要加大工程监督检查和监督抽测力度,确保政府投资和重大、重要项目工程的质量。

第十九条 根据检测机构的年度信用等级,实行差别化监督管理。具体为:

(一)对A级检测机构:实行信用激励机制,实施简化监督和较低频率的日常检查及抽检,减少省级飞行检查次数或不进行飞行检查。

(二)对B级检测机构:实施常规监督和适度频率的日常检查及抽检。

(三)对C级检测机构:实行信用预警机制和信用惩戒机制,实施较高频率或抽检率的日常检查,增加省级飞行检查次数。

对连续三次被评定为C级的工程质量检测机构将被列入"黑名单",重点监管。

第二十条 对新设立的检测机构,在持证一年内,不进行信用等级评定,按照C级检测机构的标准进行监管。

第二十一条 信用档案实行公布制度。建设工程质量检测机构和人员信用档案中基本情况、变更情况、信用等级的记录期至终止从业时止,良好行为和不良行为的记录期为5年。

信用档案在江苏省建设工程质量监督网上向社会公开后,任何单位或个人均可在网站上查询检测机构和检测人员的信用档案。

基本情况、变更情况、信用等级和良好行为记录在记录期内对外公布。不良行为记录公布时间原则上为一年,可视被公布检测机构的整改情况,对公布期限进行调整,但最短不得少于六个月。

第二十二条 有不良行为记录的检测机构与人员注册所在地在外省的,由省质监总站将不良行为记录通知其注册所在地的建设行政主管部门。

第二十三条 检测机构和检测人员认为其被公布的信用信息与事实不符的,可以向报送该信息的当地建设行政主管部门提出更正申请,并提交相关证明资料。报送该信用信息的建设行政主管部门应及时组织核实,并提出更正或不予更正的意见,报省质监总站,省质监总站审定后作出更正或不予更正的答复。

第二十四条 在信用管理工作中应当建立严格的责任奖罚机制,对在信用行为信息的收集、认定、记录、公布中,表现突出的相关人员和单位,以及敢于披露不良行为的有关检测人员,应当给予奖励;对玩忽职守、弄虚作假、隐瞒不报或徇私舞弊的责任单位和责任人,依法给予行政处分或追究相关责任。

第五章 附 则

第二十五条 本规定由省建设厅负责解释。

第二十六条 本规定自2007年1月1日起施行。

十六、江苏省建设委员会关于实施全省桩基检测合同审查备案制度的通知

苏建监[1999]310号　1999年7月21日

各市建委、苏州工业园区规划建设局：

近几年来，全省桩基检测事业发展迅速，检测技术装备和人员素质都有很大提高，为全省桩基工程质量提供了有力保证。但仍存在不少问题，突出表现在：检测市场混乱，企业资质管理不严、出卖资质、"业务员"高回扣、恶性压价的现象较严重，导致不按规范、规程检测，检测报告过于简单，甚至出具假报告，不能真实反映桩基工程质量情况，所有这些影响桩基检测报告的真实性和准确性，制约全省桩基检测工作的健康发展。为贯彻落实《江苏省工程建设管理条例》及国家、省有关规范整顿建设市场，推行合同管理制的文件精神，切实加强全省桩基检测市场管理，经研究决定，对桩基检测实施合同审查备案管理制度，现将有关事项通知如下：

一、凡在我省从事桩基检测的单位必须持有省建委颁发的资质证书，检测人员必须取得桩基检测上岗证书，省外桩基检测单位进入我省从事桩基检测业务，必须至建委办理注册手续。

二、检测单位承接桩基检测业务必须与建设单位签订桩基检测合同，合同主要内容包括：检测内容、采用的方法和仪器设备、合同双方的权利和义务、检测收费等等，合同内容不得违背我省现行有关检测方法的法规、文件规定。

三、合同草案签订后，必须报各级建设行政主管部门或其授权的质监部门审查，审查同意后，方可正式签订合同，合同一式三份，建设单位、检测单位各持一份，同时抄送当地建设行政主管部门或其授权的质监部门一份备案。

四、合同签订后，双方要认真履行合同条款，检测单位不得转让业务，要严格按规范、规程进行检测，出具合格的检测报告。

五、对于不签订桩基检测合同，不按规范、规程进行检测的，各级质监部门不得认可桩基检测报告，不得进行基础工程验收。

六、各级建设行政主管部门要加强这项工作的组织领导和跟踪管理，配备专人负责。通过加强管理，促进桩基检测工作有序、规范和健康发展。

关于印发《江苏省建设工程桩基质量检测机构资质管理暂行办法》的通知

苏建工(2002)321号

各省辖市建设局(建委)、省有关委、办、厅、局：

为加强我省建设工程桩基质量检测机构资质管理，提高桩基质量检测水平，根据国务院《建设工程质量管理条例》、《江苏省工程建设管理条例》、《江苏省建筑市场管理条例》等有关法规规定，结合我省桩基质量检测的实际情况，我厅研究制定了《江苏省建设工程桩基质量检测机构资质管理暂行办法》。现将该办法印发给你们，请认真贯彻执行。执行中有何问题和建议，请及时反馈给我厅工程建设处。

附:《江苏省建设工程桩基质量检测机构资质管理暂行办法》

江苏省建设厅
二〇〇二年十月十一日

十七、江苏省建设工程桩基质量检测机构资质管理暂行办法

第一条 为加强建设工程质量管理，规范桩基质量检测机构的市场行为和质量行为，根据国务院《建设工程质量管理条例》、《江苏省工程建设管理条例》、《江苏省建筑市场管理条例》等有关法规规定，制定本办法。

第二条 在本省行政区域内，桩基质量检测机构从事桩基质量检测，建设行政主管部门实施对桩基质量检测机构的管理，必须遵守本办法。

第三条 本办法所称桩基质量检测机构资质，是指桩基质量检测机构必须具备的相应的桩基质量检测能力。

第四条 省建设行政主管部门负责本省建设工程桩基质量检测机构资质管理工作。

第五条 桩基质量检测分为静载检测、自平衡检测、钻芯法检测、低应变动力检测、高应变动力检测、声波透射法检测等。

第六条 桩基质量静载检测、自平衡检测、钻芯法检测资质标准：

1. 注册资本为20万～40万元；
2. 技术负责人应当具有土木工程、工程地质、岩土工程勘察等相关专业的本科以上学历，中级专业技术职称，3年以上桩基施工或科研实践经历；
3. 检测人员应当是土木工程、工程地质、岩土工程勘察等相关专业的技术人员，不少于4人，其中具有中级以上职称的专业技术人员不少于2人；
4. 检测仪器和设备等能满足静载检测、自平衡检测、钻芯法检测要求。

第七条 桩基质量低应变动力检测、声波透射法检测资质标准：

1. 注册资本不少于30万元；

2. 技术负责人应当具有土木工程、工程地质、岩土工程勘察等相关专业的本科以上学历,中级以上专业技术职称,3年以上桩基施工或科研实践经历;

3. 检测人员应当是土木工程、工程地质、岩土工程勘察等相关专业的技术人员,不少于6人,其中具有高级职称的专业技术人员不少于1人,中级以上职称的专业技术人员不少于3人;

4. 检测仪器和设备等能满足低应变动力检测、声波透射法检测要求。

第八条　桩基质量高应变动力检测资质标准:

1. 注册资本不少于50万元;

2. 技术负责人应当具有土木工程、工程地质、岩土工程勘察等相关专业的大学以上学历,高级专业技术职称,5年以上桩基施工或科研实践经历;

3. 检测人员应当是土木工程、工程地质、岩土工程勘察等相关专业的技术人员,不少于10人,其中具有高级职称的专业技术人员不少于2人,中级以上职称的专业技术人员不少于6人;

4. 检测仪器和设备等能满足高应变动力检测要求。

第九条　对同时申报两种以上桩基质量检测方法的机构,其注册资本、检测人员、仪器设备等应同时满足申请的检测方法的检测要求。

第十条　桩基质量检测机构应通过省级计量认证;取得计量认证合格证书。

第十一条　桩基质量检测机构经法人登记,取得企业法人营业执照或事业法人登记证书,方可向建设行政主管部门申请桩基质量检测资质。

第十二条　申请桩基质量检测资质的机构应当向建设行政主管部门提供下列资料:

1. 资质申请表;

2. 企业法人营业执照或事业法人登记证书;

3. 章程;

4. 法人、技术负责人和检测人员的身份证、学历证书、职称证书、岗位证书和工作简历;

5. 其他需要出具的证明材料。

第十三条　申请桩基质量检测资质的机构经所在地设区的市建设行政主管部门审核同意后,由设区的市建设行政主管部门报省建设行政主管部门审批。省建设行政主管部门组织专家组对申报材料进行审查,对申报机构的检测条件、检测能力进行考核,并对审查和考核结果予以公示。经公示,对符合资质标准的申报机构,由省建设行政主管部门核发《江苏省建设工程桩基质量检测机构资质证书》。

第十四条　桩基质量检测机构技术负责人和检测人员应当取得省建设行政主管部门核发的《江苏省桩基质量检测机构技术负责人岗位证书》、《江苏省桩基质量检测人员岗位证书》,才能从事桩基质量检测工作。新设立的桩基质量检测机构,其资质均设一年的暂定期。

第十五条　桩基质量检测机构必须严格按核定的桩基质量检测范围开展桩基质量检测工作,严格执行国家或省有关工程建设质量法规、规定、办法、标准和规范等;严格执行有关桩基质量检测收费标准。

第十六条　桩基质量检测机构在申报资质和实施检测工作中不得有下列行为:

1. 申请资质或者年检时隐瞒真实情况,弄虚作假;

2. 超越核定的桩基质量检测范围或者擅自从事桩基质量检测工作;

3. 伪造、涂改、出租、出借、转让、出卖《江苏省建设工程桩基质量检测机构资质证书》;

4. 伪造原始检测资料,编制虚假检测报告;

5. 违反有关法律法规等规定。

第十七条　桩基质量检测机构实行资质年检制度。

符合下列条件,年检结论为合格:

1. 符合资质标准；

2. 有检测业绩；

3. 在过去一年内未发生本办法第十六条所列行为及因检测过失造成重大损失的行为。

符合下列条件,年检结论为基本合格：

1. 检测人员达到规定标准80%,其他各项达到资质标准；

2. 有检测业绩；

3. 在过去一年内未发生本办法第十六条所列行为及因检测过失造成重大损失的行为。

下列情况,年检结论为不合格：

1. 检测人员达不到规定标准80%,或者其他任何一项未达到资质标准；

2. 无检测业绩的；

3. 在过去一年内发生本办法第十六条所列行为之一或因检测过失造成重大损失的行为；

4. 连续两次年检为基本合格,第三次仍未达到合格标准的。

对年检结论为不合格的单位,省建设厅将视不同情况给予限期整改、停业整顿或注销资质。

第十八条 在规定时间内没有参加资质年检的桩基质量检测机构,其资质证书自行失效,且一年内不得重新申请资质。

第十九条 桩基质量检测机构变更名称、地址、法定代表人、技术负责人等,应当在变更后一个月内到建设行政主管部门办理变更手续。

第二十条 本办法由省建设行政主管部门负责解释。

第二十一条 本办法自2003年1月1日起施行,原江苏省建设委员会颁布的《江苏省桩基检测单位资质审查办法》(苏建质<1990>第089号)同时废止。

十八、关于进一步加强我省建设工程质量检测管理的若干意见

苏建质(2004)318号

各省辖市建设局、南京市建委、建工局：

近年来，随着工程建设规模不断扩大，工程质量检测需求也逐步增加。为了进一步加强对工程质量检测的监督管理，规范和提高我省工程质量检测工作整体水平，确保工程建设质量，根据当前工程质量检测面临的形势和任务，特提出如下意见。

一、认真分析工程质量检测管理面临的形势，提高对工程质量检测监督管理紧迫性的认识

自去年在全省开展工程质量检测专项整治暨创建"十佳"检测机构活动以来，全省工程质量检测管理工作得到了进一步加强。但是，随着工程质量检测市场的逐步开放，竞争越来越激烈，引发的一些矛盾和问题也越来越突出。主要表现在：以盲目压价、违规承诺等手段承揽检测业务，片面追求经济利益，对检测市场秩序和检测行业的信誉产生较为严重的负面效应；检测领域的虚假行为和检测数据的虚假现象有所抬头；检测机构扩张，检测人员素质参差不齐；少数检测机构内部管理松散，制度不健全，工作质量难以保证。在这种情况下，建设行政主管部门对检测市场及检测行业监管的责任加大。因此，各级建设行政主管部门应认真分析新形势下工程质量检测管理面临的新情况和新问题，提高对工程质量检测监督管理紧迫性的认识。要根据本地区的实际情况，及时采取有效的措施和对策，重点整治和打击工程质量检测活动中的弄虚作假行为。对于在工程质量检测活动中弄虚作假的行为，一经查实，要坚决予以严厉惩处，以确保工程质量检测市场的进一步规范，确保工程质量检测结果的真实性、准确性、可靠性。

二、加强对从业人员的教育和培训，全面提高工程质量检测人员的素质和水平

检测人员的素质和道德水平，直接关系到检测工作的质量。一旦检测结果不准确，或者出具不真实的报告，必然会给工程质量安全带来隐患，给广大人民群众生命财产造成重大损失。因此，加强工程质量检测人员的教育和培训，是工程质量检测机构和各级建设行政主管部门的一项长期的重要任务。

（一）加强职业道德教育，提高工程质量检测人员的思想素质。

检测人员要严格执行国家的法律、法规和行业标准、规范，对待检测工作一丝不苟，自觉抵制不正之风，按章办事，使"不做假试验，不出假报告"这一最基本要求成为检测人员的自觉行动。省建设厅将组织制定《江苏省建设工程质量检测行业职业道德准则》，规范检测人员的行为。

（二）加强业务培训，不断提高工程质量检测人员专业理论和实际操作水平。

为了提高我省工程质量检测人员的专业理论和实际操作水平，针对工程质量检测项目对人员的特殊要求，从今年下半年开始，对检测人员的培训既要实施专业理论培训，又要进行实际操作能

力培训。我厅已组织制定了《江苏省建设工程质量检测人员岗位培训及考核大纲》(以下简称《大纲》),并下发执行。各有关检测机构要按照《大纲》要求,结合本单位实际情况,认真做好本单位从业人员培训工作。工程质量检测机构申报资质、资质扩项等涉及到检测人员的条件,要严格把关。

(三)加强法律法规教育,增强工程质量检测人员的法制观念。

各检测机构要对工程质量检测人员进行经常性的法律法规教育,增强全体检测人员质量意识,责任感和使命感意识以及法律法规意识,真正做到知法、懂法、守法。

三、改变工程质量见证取样检测委托方,进一步保证工程质量检测的公正性

工程质量关系到百年大计,关系到经济建设和社会发展,关系到人民群众的切身利益和生命财产安全。工程质量检测机构担负着涉及结构安全及重要使用功能内容的抽样检测和进入施工现场的建筑材料、构配件及设备的见证取样检测,社会责任重大。长期以来,大量的工程质量检测项目一直是由施工方委托、监理或建设方见证取样。随着检测市场逐步开放,竞争越来越激烈,由施工方委托,难以保证工程质量检测的公正性,决定从今年下半年开始,逐步改变工程质量检测委托方,即工程质量见证取样检测一律由建设方委托。各省辖市建设行政主管部门应根据实际情况制定有关实施办法。

四、采取切实有效措施,加大对工程质量检测市场的监管力度

(一)建立检测机构和检测人员信用档案。

加强社会信用建设,促使检测机构和人员增强信用观念,促进检测市场信息公开,是新形势下加强对检测机构和人员监督管理的一项重要举措。检测机构及检测人员信用档案,主要包括检测机构和检测人员的业绩、检测市场违法违规行为及其他不良行为记录等。检测机构和人员的信用档案是对检测机构资质年检、升级、扩项考核和奖惩的重要依据。各级建设行政主管部门应将检测机构和人员纳入建筑市场有关企业和技术人员信用档案实施统一管理,并对检测机构和人员的不良行为记录进行网上公示。

(二)建立工程质量检测飞行检查制度。

建立飞行检查制度是获取工程质量检测真实信息的有效方式,也是加强对工程质量检测动态监管的重要手段。飞行检查的结果纳入检测机构和人员的信用档案。我厅已制定下发了《关于印发<江苏省建设工程质量检测飞行检查实施方案>的通知》。各级建设行政主管部门应根据本地实际情况建立本地区飞行检查制度,并积极探索飞行检查的方式、方法和手段,积累经验,不断完善此项制度。

(三)加强对工程质量检测分支机构管理。

近年来,部分地区出现在本地区或异地设立工程检测分支机构,不少单位以分支机构的名义实行资质挂靠、出卖、出借,对检测市场造成一定的冲击。鉴于工程质量检测所具有的特殊性,对于一些特殊的专项检测项目,分支机构的检测设备、环境和人员等必须与所承担的业务相适应,并应经省建设厅资质核准,到当地建设行政主管部门备案。

(四)建立和完善检测试样留置制度。

检测机构的所有活动均是围绕检测样品的处置而进行的,检测试样的留置是样品管理中的重要环节。建立和完善检测试样留置制度是提高检测机构管理水平,保证检测结果的公正性、检测数据的可追溯性的重要措施。检测试样应按如下要求予以留置:

1. 规范和标准明确要求需留置的试样,应按规范规定的程序、环境、数量和要求留置;
2. 非破坏性检测,且可重复检验的试样。应在样品检测或试验后留置3天;
3. 破坏性试样,应在样品检测或试验后留置2天。

各检测机构应设立检测试样管理员,专人负责试样留置工作。对试样的分类、放置、标识、登记应便于检查,并符合有关要求。各级建设行政主管部门应加强检查和指导。

(五)进一步落实不合格检测结果报告制度。

工程质量检测是工程质量控制的重要环节。加强对检测数据的管理,进一步落实不合格结果报告制度,是建设行政主管部门掌握工程质量动态,及时采取有效处理措施,防止不合格建筑材料、构配件投入工程中使用和防止工程质量事故的重要途径。检测机构对出现的不合格检测结果,应建立台账,并于当日上报工程当地工程质量监督机构。质量监督机构应及时对出现的不合格检测结果进行检查,对处理方法进行监督,并定期对本地区出现的不合格检测结果进行分析,必要时对工程实体进行监督抽检。对于不合格检测结果弄虚作假、隐瞒不报的单位和个人,各级建设行政主管部门应作为不良行为记录予以公示。

(六)进一步落实见证取样送检制度。

自2000年实施见证取样送检制度以来,在保证检测试样的真实性和代表性等方面取得了较为明显的成效。实践证明这是一项行之有效的制度。但随着工程建设规模的不断扩大,见证取样人员的数量远远适应不了要求,少数见证人员业务素质差,起不到见证的作用,一些检测机构对见证取样人员的核查流于形式,致使见证取样送检制度有的未真正落到实处。各工程质量责任主体和检测机构要严格按(苏建质(1998)270号)《江苏省建设工程质量检测见证取样送检暂行规定》的要求,进一步落实见证取样送检制度。同时,应认真做好施工现场和实验室"两块"等试样的标准养护工作;各级建设行政主管部门要加强对见证取样人员的培训和管理,加强对各责任主体和检测机构的监督检查。

五、加强工程质量检测工作的规范化和标准化建设

检测工作的规范化、标准化建设是规范检测市场,促进检测机构提高检测能力的有效手段。根据我省实际情况,工程质量检测工作的规范化和标准化建设的重点是:

(一)全面推广使用检测管理软件,逐步实现全省工程质量检测管理信息化。

近几年,我厅在全省检测机构中推广使用检测管理软件,较好地促进了标准、规范在检测工作中的贯彻执行,提高了检测机构的管理水平。但是,目前仍有部分检测机构没有使用检测管理软件,应积极创造条件,在今年年底前全省所有检测机构均应使用经鉴定合格的管理软件,以提高我省检测工作的整体水平。

我厅将结合全省工程质量监督管理信息系统的建设,在全省实施检测信息联网工作,以更好地监督、检查、管理全省检测工作。有条件的地区,建设行政主管部门、质量监督机构可以根据实际情况实施检测数据联网工作,网上公布检测信息,对检测机构加强社会监督。

(二)全面推广检测数据自动采集系统。

检测数据自动采集是工程质量检测管理信息化、规范化的必然要求,也是防止检测数据弄虚作假的主要手段。近年来,"两块"检测数据自动采集已在大部分检测机构推行,部分地区检测机构已在检测项目中全面使用检测数据自动采集系统,并取得了明显的成效。今年年底前,全省所有检测机构均必须采用"两块"检测数据自动采集系统,并与检测管理软件联网,实现检测数据自动采集、自动传送、自动统计、查询和打印。2005年底,要在所有能实现的检测项目中,全面采用检测数据自动采集系统。

要加强对检测数据自动采集系统的研制、鉴定工作,未经鉴定的系统软件不得投入使用。各检测机构应加强对自动采集系统的使用和管理,确保其安全可靠。

(三)统一全省工程质量检测工作有关表式等文档。

随着工程质量检测有关规范、标准的变化,检测项目及参数的增加,我省工程质量检测工作有关表式等文档已不能适应要求。从今年下半年开始,我厅将组织有关单位和人员对全省工程质量检测工作有关表式等文档进行统一,明年上半年完成此项工作。

江苏省建设厅
二〇〇四年八月二十三日

十九、关于改变我省建设工程质量见证取样检测委托方有关事项的通知

苏建质(2004)372号

各省辖市建委(建工局)、建设局：

根据我厅《关于进一步加强我省建设工程质量检测管理的若干意见》苏建质(2004)318号精神，经研究，特就改变我省建设工程质量见证取样检测委托方有关事项通知如下：

一、工程质量见证取样检测的委托

从2004年12月1日起，我省新开工项目的建设工程质量见证取样检测，一律由建设单位直接委托工程质量检测机构进行。

建设单位委托工程质量检测机构进行工程质量见证取样检测应依据以下原则：

1. 所委托的检测机构应具有江苏省建设厅核准的检测机构资质并通过江苏省质量技术监督局计量认证。

2. 一个单位工程检测项目只能委托一家检测机构在其核准的资质范围内进行检测。

3. 签订书面的工程质量检测委托合同。

二、工程质量检测取样、送检及检测报告

1. 工程质量检测见证取样送检应严格执行苏建质(1998)270号《江苏省建设工程质量检测见证取样送检暂行规定》。

2. 工程质量检测取样由施工单位负责。施工单位应按规定配备取样员。

3. 工程质量检测试样抽取的数量、部位等应按国家有关规范、标准实施。施工单位负责按工程进度和施工组织设计或施工方案提出取样方案，监理(建设)单位负责审核批准。

4. 工程质量检测试样实行封样制度。要采取切实有效的措施确保试样的真实性。

5. 监理(建设)单位负责取样、送检的现场见证工作。监理(建设)单位应按规定配备工程质量检测见证人员。

6. 检测机构应按检测委托合同约定，向建设单位或由其授权的监理单位提交检测报告。建设单位或由其授权的监理单位应及时将检测报告原件提供给施工单位。

三、工程质量检测的费用

1. 工程质量检测委托方改变后，原由施工单位承担的检测费将在测算的基础上，通过调整定额，费用由建设方直接支付给检测机构。施工单位按定额向建设单位收取试样制作、封样、送达等必要的费用。

定额调整的具体规定我厅另行文。

2. 工程质量检测机构应严格按照江苏省物价局批准的现行收费标准收取检测费用。

四、监督管理

1. 将是否违反本规定作为工程质量监督巡查及工程质量检测飞行检查的重要内容之一。

2. 要切实加强取样、见证人员的培训工作。保证取样、见证人员培训的数量和质量,使取样员、见证员能够满足工程质量检测工作的需要。

3. 各建设工程质量监督站,要结合日常质量监督工作,将现场取样、见证人员配置,取样见证工作的开展等作为行为监督的内容之一。对于不具备江苏省建设厅核准的检测机构资质证书和江苏省质量技术监督局核发的计量认证证书的检测机构出具的检测报告不予认可。

江苏省建设厅

二〇〇四年十月十四日